枡野俊明作品集 2010—2017

禅庭

[日] 枡野俊明 著
康恒 译

中国建筑工业出版社

序

达摩大师是释迦牟尼第二十八代传人，他从印度远渡来到中国，成为禅宗开山祖师，也是在中国嵩山少林寺提倡实践被称为大乘壁观修行的祖师。禅宗传入日本后，日本的禅寺里也会供奉达摩祖师。禅宗自达摩祖师后，第六代则是六祖的慧能禅师。

这位慧能禅师有“无常者，即佛性也”的话语流传下来。我们目前现世中的一切都不会存留，而是不停地在变迁。这里的“无常者”即为“无常”的意思。慧能禅师的说法里，这个“无常”便是与“佛性”皆为相同的意思。这里的“佛性”也可以称为是宇宙的真理，同时也可以理解为永恒的存在吧。根据这个说法，“佛性”为不停在变化的所谓“无常”是也。一般来说，永恒与不停变迁是完全不同的概念。更多的人会觉得“永远不会变化的东西”是存在的。而禅，所谓“永恒的事物”即使存在，也包含了“自身不停的变化”。

道元禅师的道咏中，有说到“山峰之色、溪水之声皆有我释迦牟尼的声与色”。见到山峰的姿态，就如同见到伟岸的佛祖身姿。听到山谷的溪声，便如同听到美妙的传法之声。自然万物，都在向我们传达着万象事物。但是如果没打开心眼，便无法感受到这一切的法。为了打开心眼必须持续日夜不断用功，这便是禅的修行。

另外，禅中也有“诸法实相”这一说法。“诸法”指的是自然万物。

草木、山川、建筑等等这个世间中的万象，也包括我们人类。如今，展现出的姿态即是真实全部的姿态，这便称为“实相”。所以，“实相”也就是“佛性”本身。“山川草木皆成佛”这一说法，便是世间存在的万物皆能成佛的意思。这不就是“诸法实相”的另一种表现吗？这个世间中的万象都有“佛性”以及“实相”，在其中要掺杂善恶、美丑、得失、爱憎等人类的价值判断是没有余地的。世间万物佛的德布满了天地，万象的一切事物都是佛的德行所修炼而成的。佛之德不会不够充裕，它不增不减、无剩无缺。在这种思考方式下的人类，也是在佛的德行中诞生并且生活着。如果意识到了这些，那我们就会对佛持有感恩之心，从而领悟到无法计量超越人类的“佛之德”。这是禅的修行。

禅，把行走、停歇、靠坐、就寝等生活的一切都看作为修行。禅能通过坐禅、作务、看经这些举手投足的修行中找到自我，其中“坐禅”尤为重要。盘手足正身端坐，心中空无一物，如岩石一般的禅坐，通过调整姿势，呼吸，从而调整心灵。

通过坐禅，身体中能感受到大自然的真理。日本人，通过庭园的方式把大自然引入我们的生活空间里。特别在镰仓时代，室町时代的禅僧们，把自身领悟到的禅意通过庭园艺术的手法表现出来。

在庭园空间里可以时常听到大自然的真理，即佛祖的声音。通过转化，大自然的真理在另一种呈现姿态下形成，在这基础上庭园与禅两者之间有了无法割舍的存在关系，即“禅庭”的诞生。

“禅庭”须表现出修禅人所领悟到的本质。不是通过自我修行所领悟到的，没能把禅意通过空间造型艺术表现出来的都无法称为“禅庭”。通过自我修行的领悟，不被任何事物束缚的表现艺术称为“禅的艺术”。通过禅修彻底地了解自己，从而与空间表现的“禅庭”进行对视，最终能与心灵对话的空间才能称之为“禅庭”。

“禅庭”的发展过程中，日本历史上取得最大成就的是临济禅（禅宗的门派之一）。原因是曹洞禅的修行场所永平寺建于志比庄，位于深山的越前（现为福井县），是一个被森林所包围的深山幽谷之地，这个环境本身即是佛法中的大自然本身。换言之，周围的自然就如同庭园存在，在这个环境下再做庭园就没有必要了。而临济禅与中央政权关系密切，修行场所大多位于城市（京都）的中心位置。为了能在城市中感受到大自然即佛法，庭园这种空间象征化的表现形式就更有需要了。自此，禅与庭园的关系在历史的舞台中不断发展。

当今，通过曹洞禅、临济禅进行“禅庭”制作的禅僧，现在除我以外已没几个了，我想把禅与庭园的深刻关系传达给我们的下一世代。所以出版了“禅庭”这一作品集留给后世。此事得到了日本每日新闻出版社的理解，非常欣慰能够出版这第三册的《禅庭》。2003年开始的“禅庭”出版至今，一直承蒙该出版社的福田正则先生关照，就此机会再次表示感谢。从第一册出版至今，已经过去14年了，本册中登载了作品合计也有了40个，这离不开禅与庭园相关的各方人士的理解及帮助。此后我会持续我的修行，做出更好的“禅庭”的作品。希望自己作为平成禅僧中的一员为禅与庭园艺术做出更多的贡献。以此次出版作为新的起点，为之后的作品出版努力精进。

合 掌

德雄山瑞云院 建功禅寺 住持

枡野俊明

2017年10月吉日

目录

澄心庭

Garden for M's residence

M氏邸庭园

神奈川县镰仓市

在桧叶金发藓之间，用白川砂砾表现的水流

连接厨房的杉木皮篱笆和木门

庭园所在地是历史与文化兼有的镰仓地区。空间原是日本画家的自宅同时也是其工作室。庭园在原有状况下进行改善，尽可能地让既有的树木继续生长，同时增加了一些鸡爪槭、油钓樟、细叶冬青等植物，希望能将庭园融入周围的绿地环境中。

石材使用了现有可利用的材料，一些景石是新添加的，已有的手水钵再利用的同时制作了听觉上也会让人感动的水琴窟。

玄关作为一个家的颜面是非常重要的场所，这里使用了厚重无垢的花岗岩石材，在其自然肌理保留的同时部分用了打凿面处理，进一步体现其厚重感。

从主屋可以看到静寂的中心庭园。在大面积铺设青苔的空间里，摆放了吉野石和石灯笼，并在青苔之间铺设了白川砂砾，使人感受到一种安宁祥和的氛围。

在庭园中可以听到鸟鸣声，水琴窟的水声，看到太阳的光与影，以及闻到草木的香气。在这里与大自然融为一体，从而寻找到本来的自我，感受到“山光澄我心”的禅语的意境。故庭园取名为澄心庭，主屋名为山光轩，别院名为我心庵。

夜晚打起灯，暗景中草木景石的影子投在了墙上，与水琴窟的清澄水声相配，也是一种风雅。

在这个庭园中希望能提供给业主一个自我对话的环境。

左 四目篱笆和枝折门构成的澄心庭入口

右 从山光轩的玄关回看

左上　进门后，山光轩·澄心庭·我心庵入口
左下　以水琴窟的形式改做了原有的手水钵
右　「山光轩」大门前庭，原有的黑松和山灯笼

山光轩眺望澄心庭，与自然的一体化

左　用原有的树木作为背景，营造深山幽谷的世界

右　灯光下的手水钵。寂静中传来水琴窟的流水声

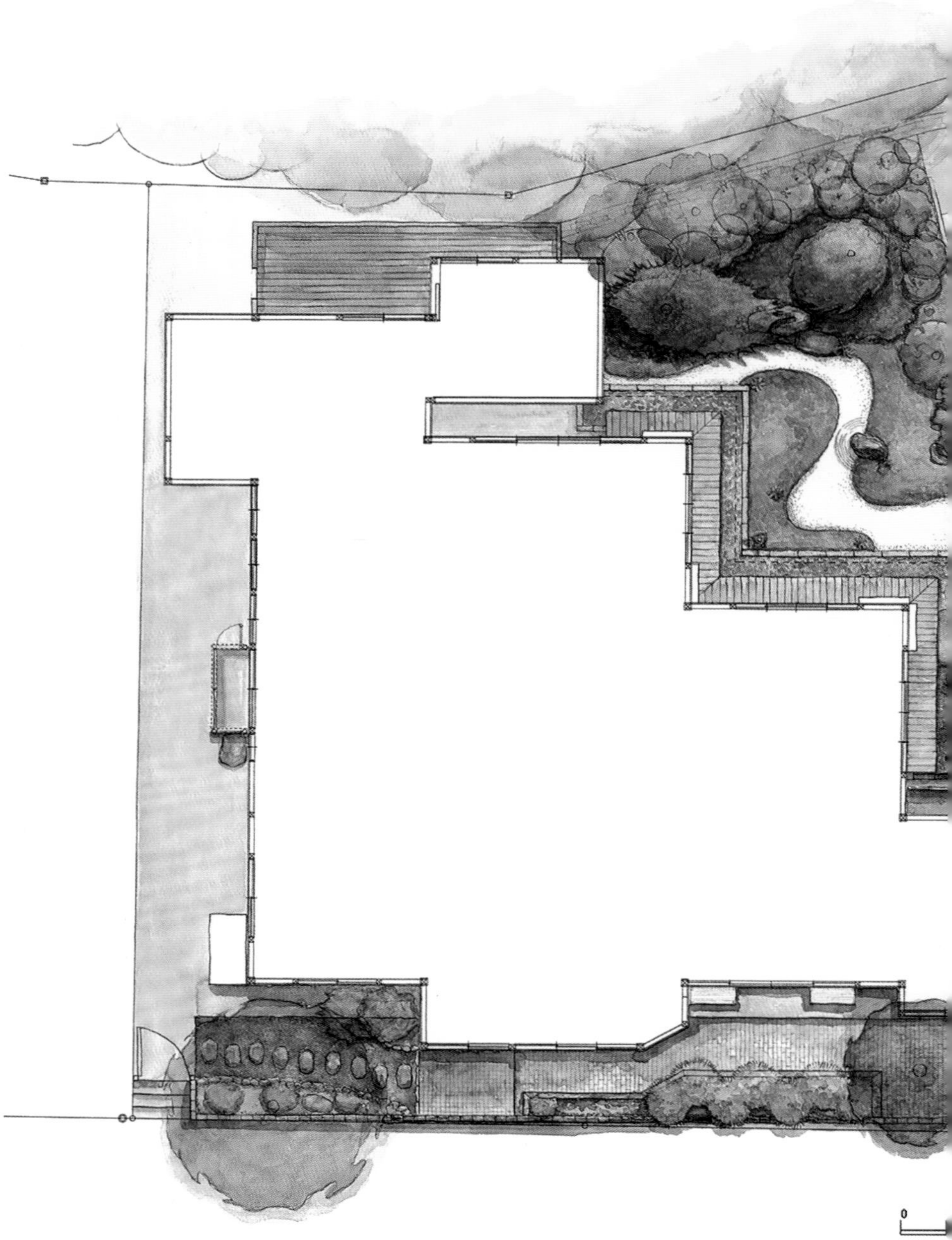
0

平面图

清风苑·坐月庭·禅意咖啡「坐月一叶」

Garden and some interior for Tsurumi Station Building (Roof garden,

禅庭的象征，由白砂和景石构成的枯山水

上　以纱纹形象的石板地

下　使用6m长景石的石组

有缘在JR东日本（日本铁道公司）的鹤见站大厦的综合设计中，完成“屋顶庭园”以及“禅意咖啡·坐月一叶”。希望通过我的作品能在鹤见（地名）有一处感受日本禅文化的空间。

屋顶庭园分别由“清风苑”与“坐月庭”这两个庭园构成。由于场地开阔，同时也兼具了屋顶避难的功能。

“清风苑”的由来是禅语的“月白风清”，意为幽静美好的夜晚皓月当空，清风拂过让人感到安宁。也意指，禅宗无的境界。开阔的空间能够作为应对车站大厦的各种活动及儿童游玩的场所，也可作为观赏性的庭园的一部分。

另外“坐月庭”，则是枯山水，它是“禅庭”的象征。“枯山水”看上去是庭园制作中使用元素最少的，但它体现了作者自身的力量及高度的精神性。“枯山水”对熟知自身能量的人来说，是最难攀登的高峰。

屋顶的“坐月庭”和“禅意咖啡·坐月一叶”，都来源于禅语“坐水月道场”。其意思为眼前所展示的世界，才是佛道真实的道场。不要刻意为之，融入周围的环境，不要有执念。

“禅意咖啡·坐月一叶”里面，有着四叠半榻榻米大小的茶室“坐月庵”。另外，其室内装饰用了只在室外空间用的自然石材，希望能让自然感带入到室内空间。

三菱東京UFJ銀行

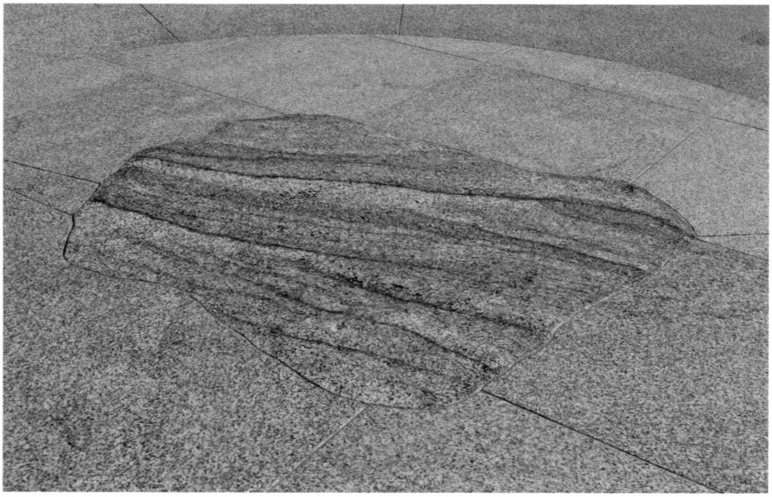

上　从屋顶花园眺望鹤见站东口前的景色

左　中间部分为嵌入的景石

晴空万里下显著的白砂，屋顶的枯山水

左　与石对峙，使人心静
右上　由7块景石构成的精神空间
右下　砂纹由车站大厦里的员工耙成

左上 五楼「禅意咖啡・坐月一叶」入口。庵治石的门柱和石台

左下 店铺内的茶室「坐月庵」

右 地窗打开后能够看到坪庭。挂有枡野俊明写的「坐水月道场」书法作品

GRAND

左　六楼自动扶梯前的踏脚石和花器石雕

右　庵治石和竹木的长凳

左 五楼 在电梯大厅前柿染和纸墙和石桌

右 六楼 电梯厅前的石桌和苔藓墙

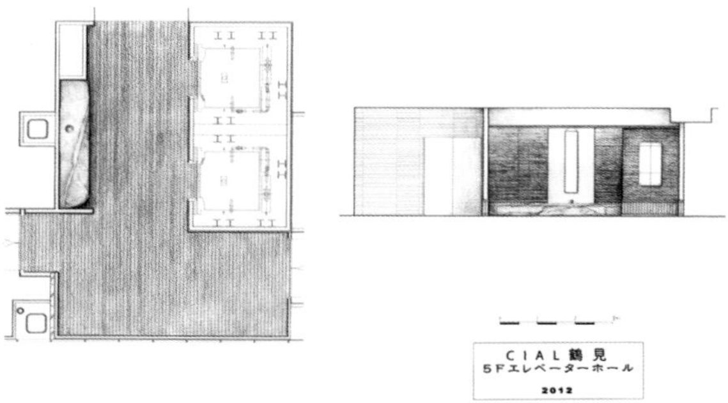

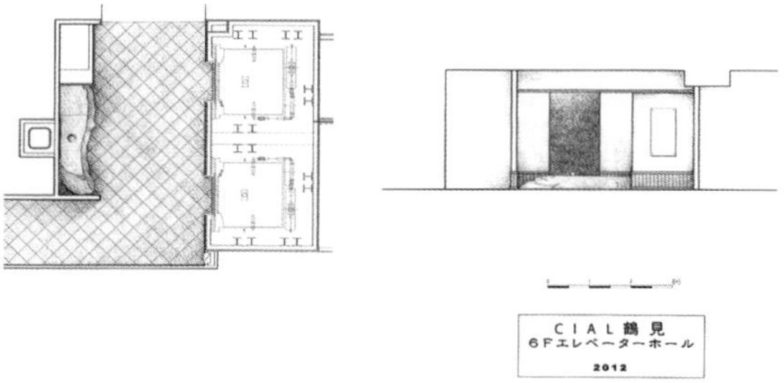

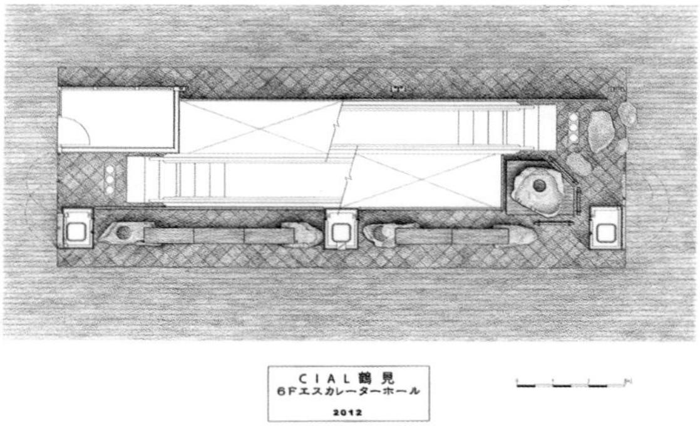

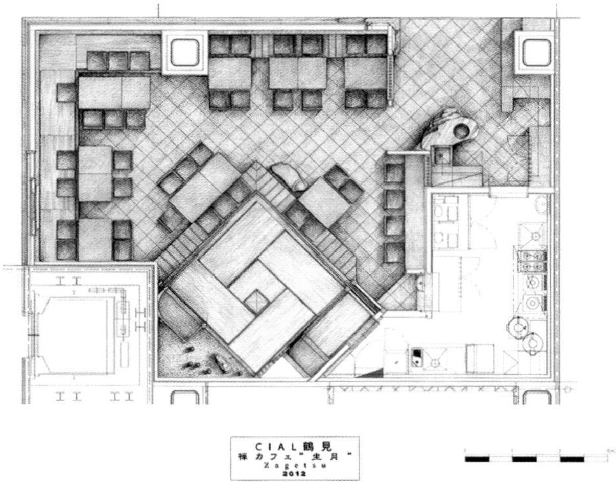

左上　五楼电梯厅平面·立面图

右上　六楼电梯厅平面·立面图

左下　六楼自动扶梯厅平面图

右下　禅意咖啡平面图

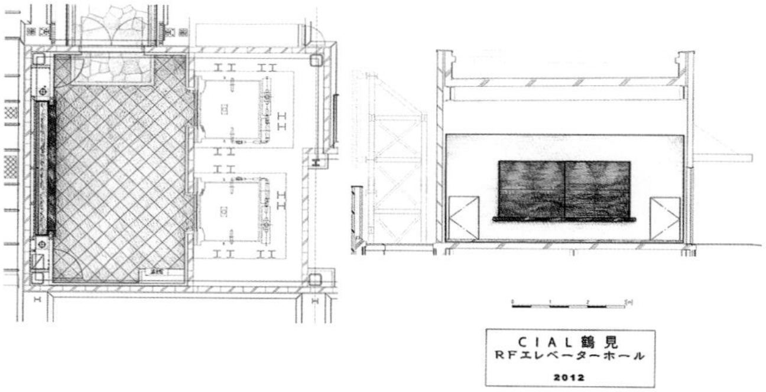

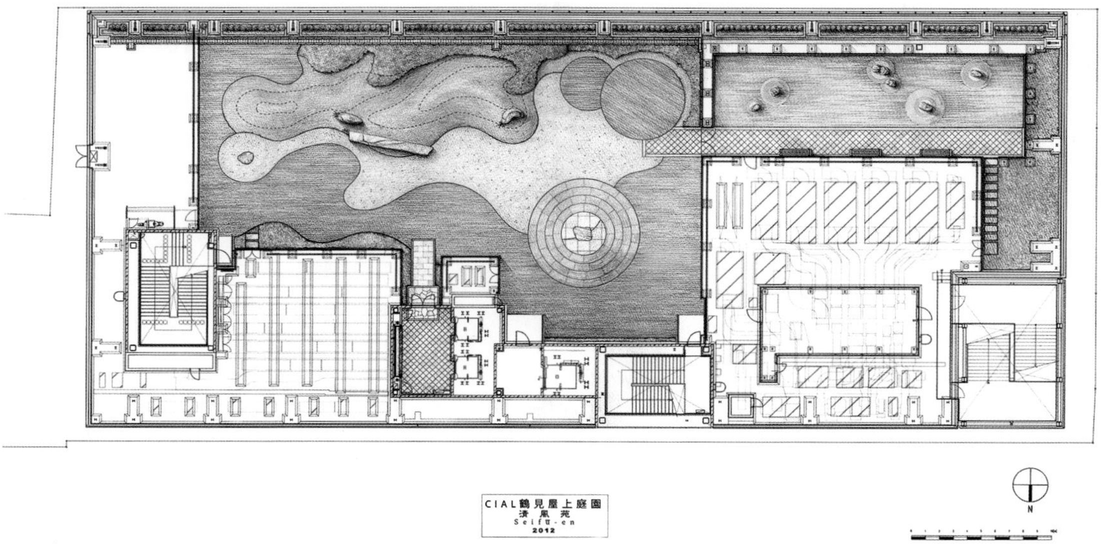

上 屋顶电梯厅平面·立面图

下 屋顶平面图

桧叶金发藓地的曲线与白砂

上　成为景观焦点的六角石灯笼（西村金造·西村大造制作）和演奏出轻快水声的自然型手水钵

下　原有的踏脚石使用在庭园中

这个庭园，是为了日常不停忙碌工作而忽视了自我的业主所建的庭园。

我看到了业主忙碌的样子,脑中就浮现了“忙中有闲”这样的词汇。正因为在忙碌之时，看一眼庭园，从而使内心重新回归闲适平静。即使在当今繁忙的社会里，人也需要有静听自然之声的时间，所以这里命名为“听闲庭”。

在客厅前方，制作了地形的假山，还放置了原有的自然石和景石。在这起伏的地形上铺上苔藓，成了苔庭。筑山推坡的手法，能让人感觉空间更宽阔，而铺上白川砂则能更好地映衬出苔藓的绿油。

从侧缘（外廊）到手水钵之间的踏脚石以及其他石景都使用了原有的石材。业主亲自从京都精心挑选的萨摩石做的手水钵，及置在其后北木岛所产花岗石制作的六角灯笼，成为整个庭园的主角。

为看不到庭园背后隔壁邻居的窗户及洗濯衣物，种植了植栽来进行遮挡。除单一背景的植栽以外，也种植了鸡爪槭等植物于庭园中心位置，给予更多的变化。

南侧的和室空间庭园，由于空间相对狭小，仅用了一块景石，地面则以砂砾为主，在这之上种植植物，使空间小巧灵动。

希望这个庭园可以成为业主心灵治愈及家庭团聚的场所。

拉门后的景色

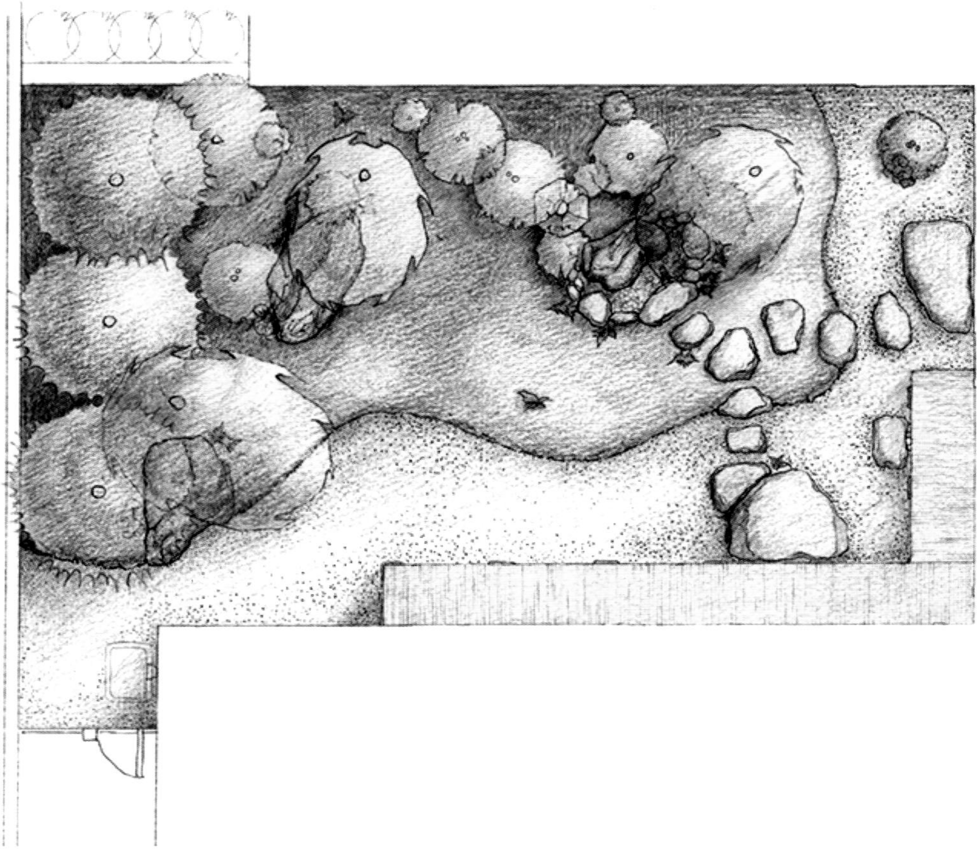

S 氏邸庭園
聽閑庭
Choukan-tei
2017

0 1 2 3 4 5 [m]

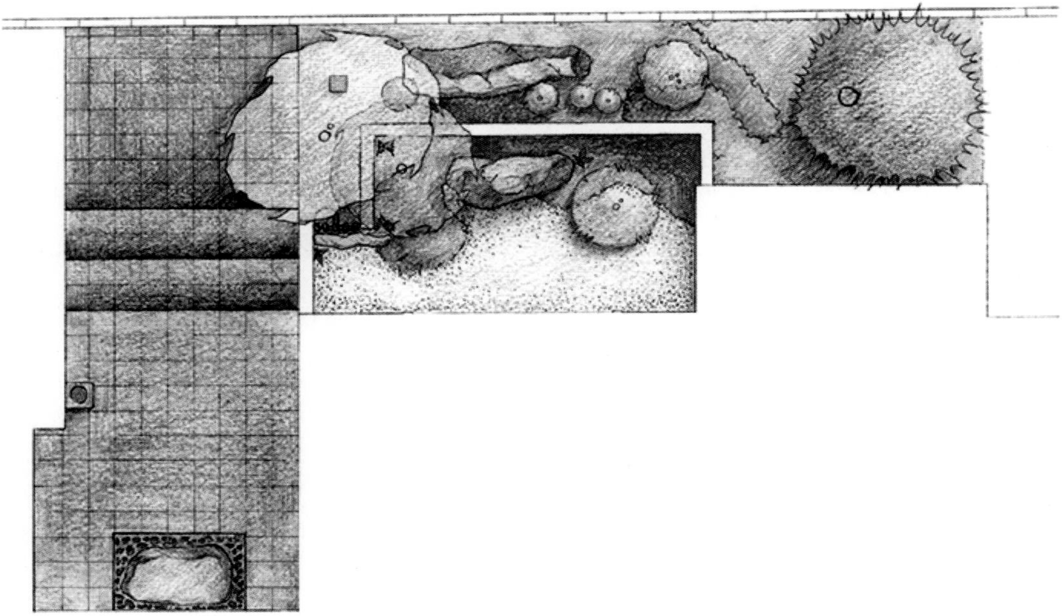

S 氏 邸 庭 園
聴 閑 庭
Choukan-tei
2017

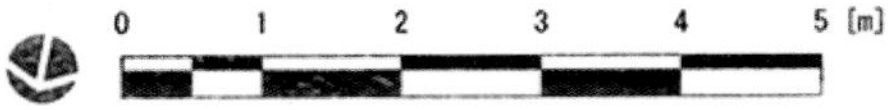

左 平面图
右 平面图

造园设计
新加坡

水月庭

Garden for "THE GREEN COLLECTION"

白砂和景石巧妙布置的观赏式庭园

游泳池深处放置的石雕塑

这个庭园是位于新加坡圣淘沙湾的高级住宅中庭的一部分。

现场用地正对圣淘沙高尔夫，宽为 20-40m，长约为 200m，是较为独特的场地。这个高级住宅中二楼以上的住户，可以在家看到新加坡高尔夫公开赛。

业主是一位非常喜爱日本文化的人士，所以围栏和天窗等都采用日式町屋的设计。将当代日本庭园理念融入当地建筑事务所的设计里。由于用地的形状以及绿化率的限制，在可设计规划的庭园面积中，制作了以观赏为的庭园。

由于施工限制，对于四季如一的新加坡来说，希望通过运用树荫婆娑及水、风等自然元素的变化，让住户感受宁静安逸的生活。禅语说："水流元入海月落不离天"。在多变的自然中有不变的真理，故命名为"水月庭"。

在这个规划中，唯一作为庭园可以确保的空间只有俱乐部会所的庭园，而从道路边界到俱乐部会所的距离仅有 4m。不仅要为道路的视线提供遮挡，还要从内向外看时不能有狭窄感，这是本次设计需要解决的问题。我将俱乐部房间与庭园还有泳池过道，泳池等空间进行连接并整体设计，从而形成一种往深处走会有更广阔空间感受。

周围的场地，种植了将来可以长成参天大树的乔木。即使在酷热的新加坡也能在树荫下散步，相信其会被人们一直喜爱下去。

左　在街道上道看到的入口

右　会所前的庭院，不止宽4m的感受

游泳池和木材甲板的曲线与更衣室相连

左　用地一边放置的石雕塑

右上　通过设计栽植及视线使人感觉不到道路尽头

右下　从游泳池一侧回看更衣室

左　在住户门口通过清爽的树木感受微风

右　各住宅建筑之间高度8.5m的瀑布

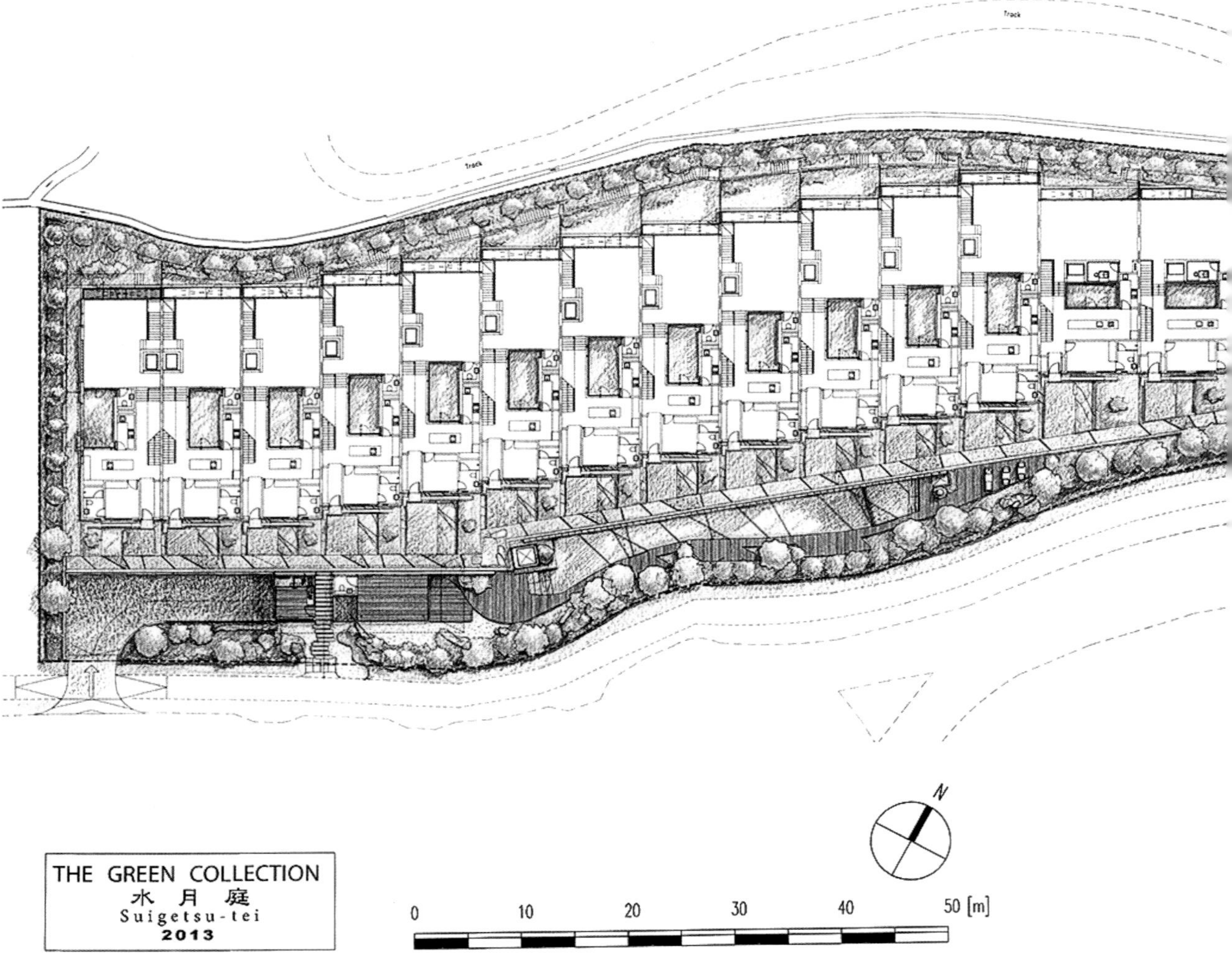
Track
Track
THE GREEN COLLECTION
水月庭
Suigetsu-tei
2013
N
0
10
20
30
40
50 [m]

平面图

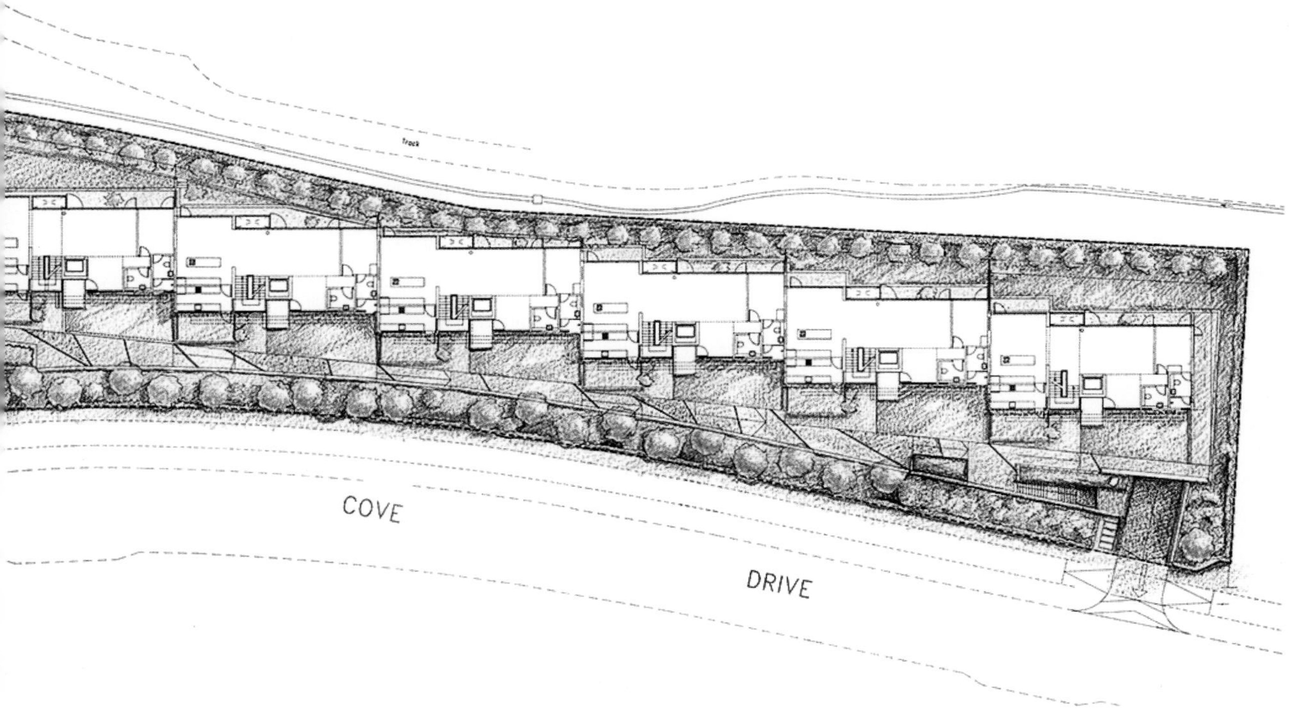
Track
COVE
DRIVE

六根清净庭

Garden for Y's residence

Y氏邸庭园

东京

站在户外冰裂纹上看到的景致

四方佛手水钵是西村大造先生为这个庭园制作的

本项目是东京住宅区内已有50年建龄的庭园改造工程。业主在继承这套房子后希望能够居住得更为舒适而进行了大整修。

原先的庭园在虽在家的南面，但光线不好湿度也大。院中种了大棵的侧柏，从空中俯瞰，几乎覆盖了整个庭园，导致面向庭园的房屋采光和通风都受到了影响。业主希望通过这次的改建，庭园在满足观赏功能以外还能契合自己的生活习惯。

在庭园中铺设了乱拼铺地，并把其中一部分做成略高的圆形，成为整个庭园的焦点。在庭园的中心位置放置了由京都西村石灯吕店制作的四方佛手水钵。从鹿威（竹筒）中缓缓流出的水声使得整个庭园有一种空灵感，仿佛能让人忘记时间的流逝。

业主希望能在户外有一块瑜伽练习的场地。瑜伽发源于古代的印度，是一种带有宗教性的锻炼身心的运动，如今在日本也广受欢迎。通过冥想达到精神的统一，和通过调整姿势和呼吸来达到心静的坐禅有异曲同工之处。通过这一灵感为此次的设计了“六根清净”的主题。佛教中的六根，分别代表了视觉（眼根）、听觉（耳根）、嗅觉（鼻根）、味觉（舌根）和触觉（身根），以及由此衍生出来的第六感——意根。

在有限的空间里观赏性与实用兼顾的庭院

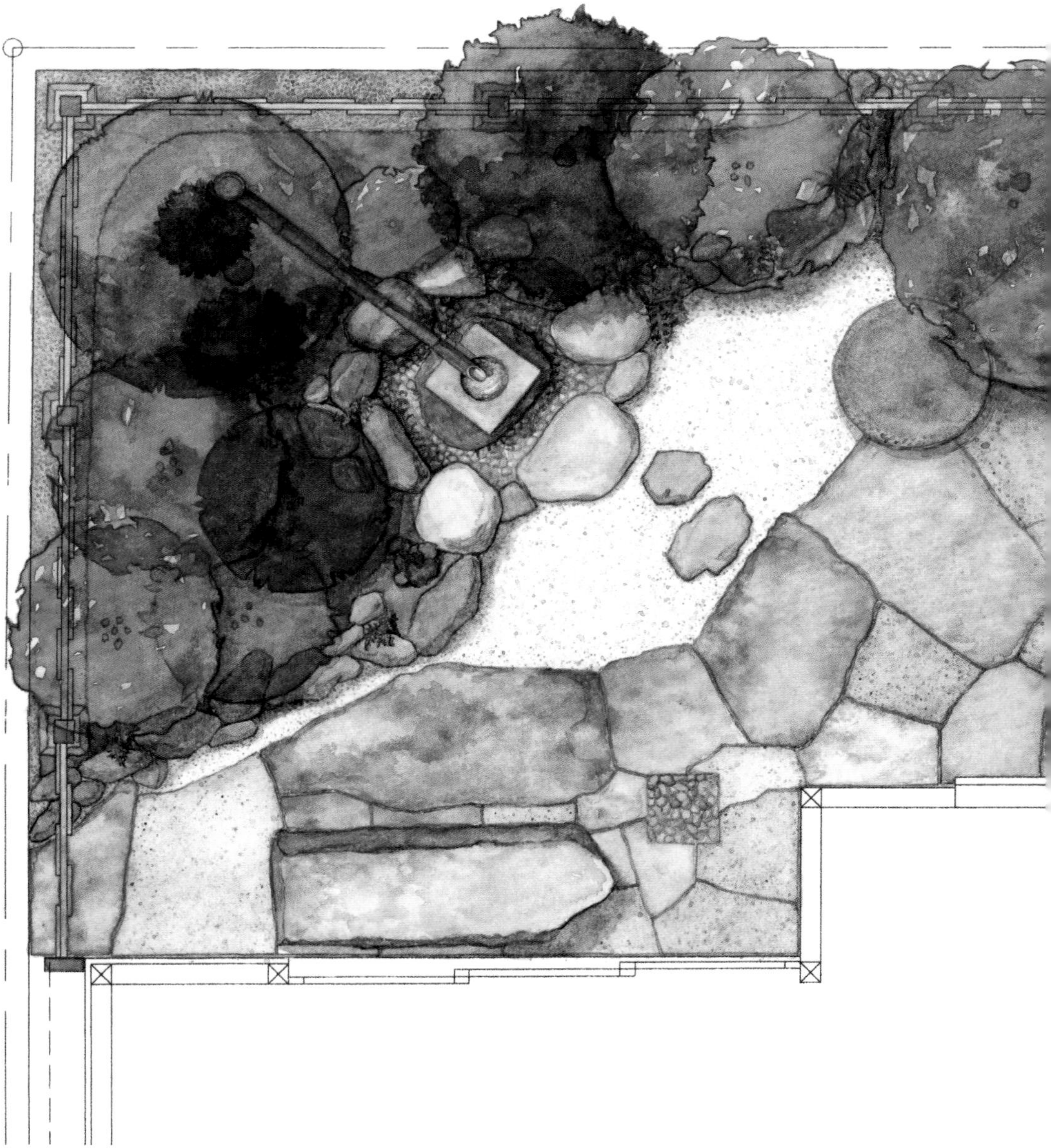

平面图

Y氏邸庭園
六根清浄の庭
Rokkonshojo-no-niwa
2017
0
1
2
3
4
5 (m)

和敬清寂庭

Garden and some interior for
"NASSIM PARK Residences"

造园设计
新加坡

水流瀑布

经过水流的踏脚石

本项目从 2007 年就开始了，业主告诉我这个项目是新加坡首个日式园林风格的公寓。项目地址位于安静的新加坡植物园和新加坡第一繁华大街的乌节路中间。本项目通过庭园空间将两边截然不同的环境连接在了一起。

本设计为在此居住的住户提供庭园接待空间的同时，也能让住户感到身心愉悦。即使在国外也能感受到日本茶道的待人接物精神，故名为“和敬清寂园”。“和敬清寂”是对日本茶道的概括。

主庭为“和”，瀑布由 2m 高的自然石所制作，水从这里流向游泳池，可从俱乐部会所绕整个院子，水声潺潺，安逸宁静。新加坡的高级公寓中常会设有称为“LAP POOL”的大泳池，庭园中的水系也考虑了与长方形泳池的关系。

本住宅会所里设有像漂浮在水面上那样的冥想空间，作为瑜伽教室。内部的石墙从室外庭园引入室内，营造自然一体的空间氛围。

小区入口的回车空间为“敬”。回车圆盘上放置了 2 块特殊的造型景石，通常不被人重视门卫室的墙上，以书法笔墨的手法制作了艺术石墙。希望来到这里的客人能感受到日本茶文化中的待客之道。

“清”的部分在进入住宅后最深处的区域。随着步入小区，空间氛围越来越安静，在这里设置了石凳等停留空间，使来往的客人能在开阔的户外稍作停留，感受一份安逸。

“寂”，在场地南侧有一块三角地带，是唯一与其他地块分离的区域，在这里制作了枯山水庭园。在繁忙的新加坡生活中，在与外界隔离的空间里，希望能给到住客短暂寻找自我的时间。

即使在新加坡这个四季如夏的城市中，这里的庭园也能感受到时间的变化，而为这里住客提供像日本茶室空间那样治愈心灵的空间是我的愿望。

左　入口回车区域2块景石和水盘

右　在入口地面铺砖和手水钵

左　枡野俊明从书法笔触中得到灵感的「和心」，雕刻在保安室石墙

右上　从自然到人工的3块石墙

右下　利用高低差构成的石墙和种植箱

俯瞰中庭全景

左　通向游泳池的自然石阶

右　中庭区域2m高的瀑布及水系

左　嵌在墙面内的锈石

右上　兼顾私人空间和消防通道的庭园

右下　用植物柔化游泳池和住宅之间的视线

左上　独立的观赏式日本庭园空间

左下　从更衣室眺望庭园

右　利用游泳池的高低差制作的瀑布

瑜伽室的石墙延伸到户外庭园，营造出有一体感的空间

左上　小路旁的树屋。雾喷装置定时开启，营造幻境空间

左下　利用斜坡制作水系的小路

右　蜿蜒的水系、能够听到清幽水流声

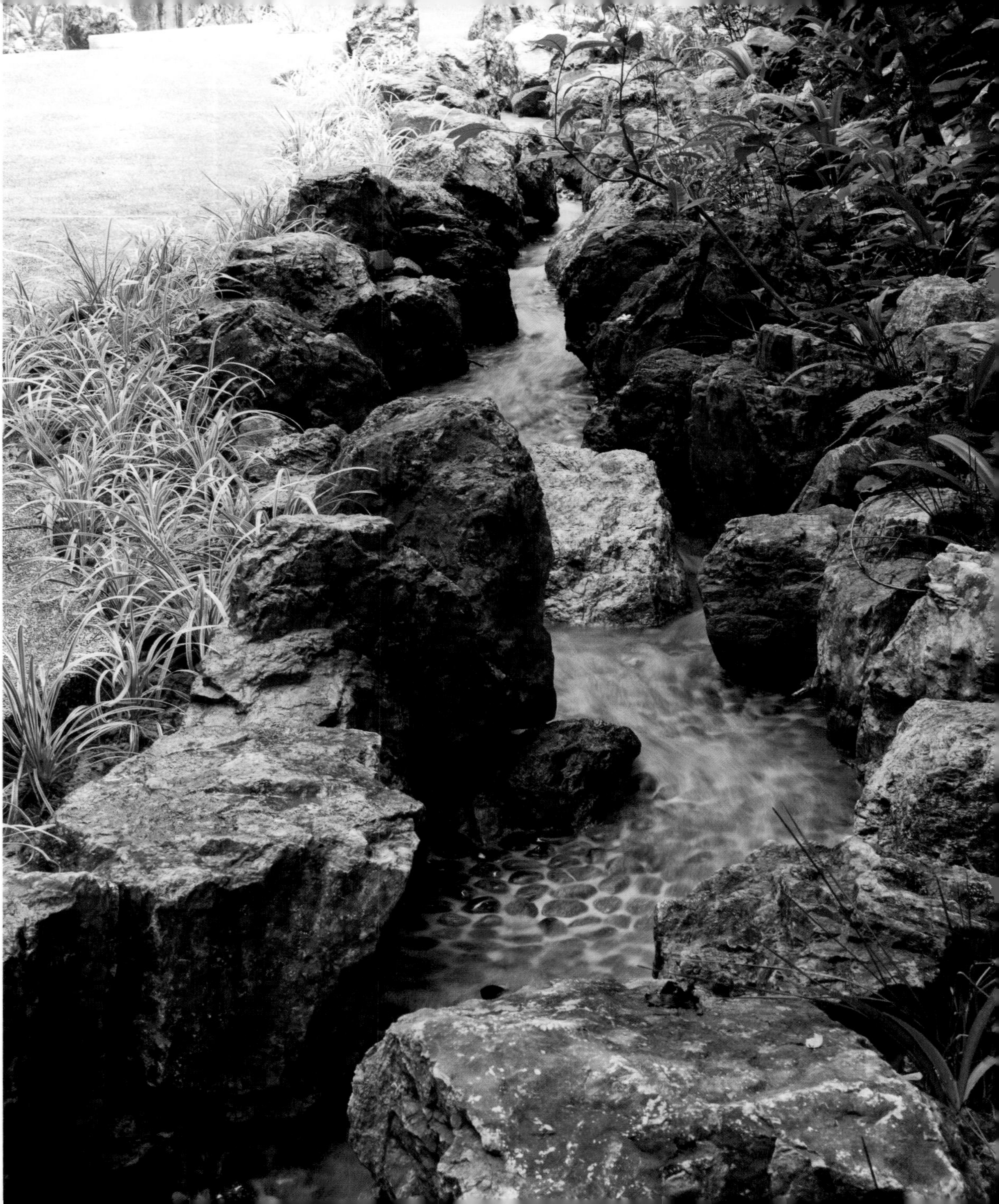

在地下停车场的住户入口前放置了石雕群

石雕塑成为迎接住户的标记

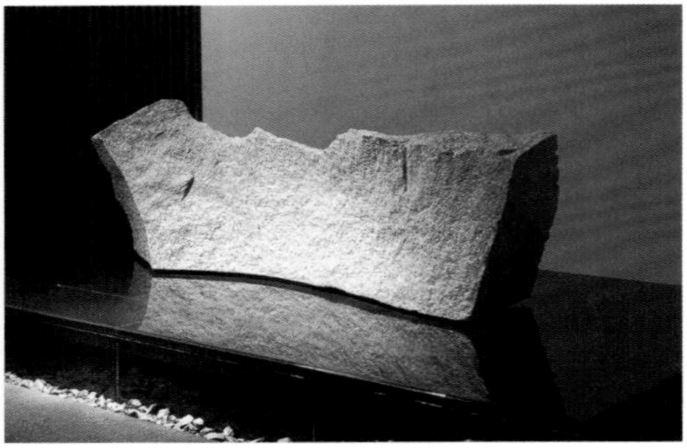

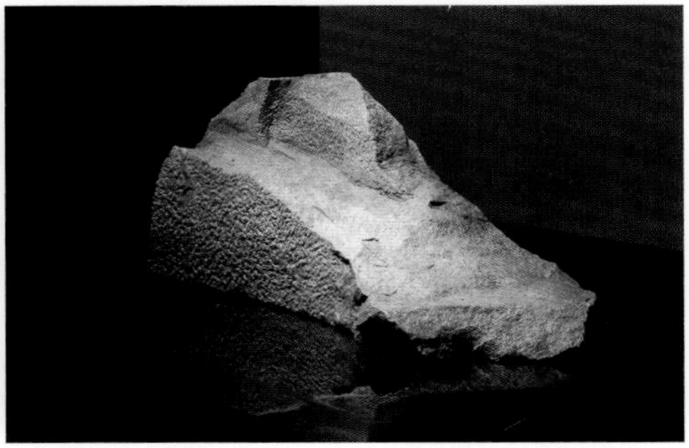

石雕塑底部制作了流水，
水声清幽

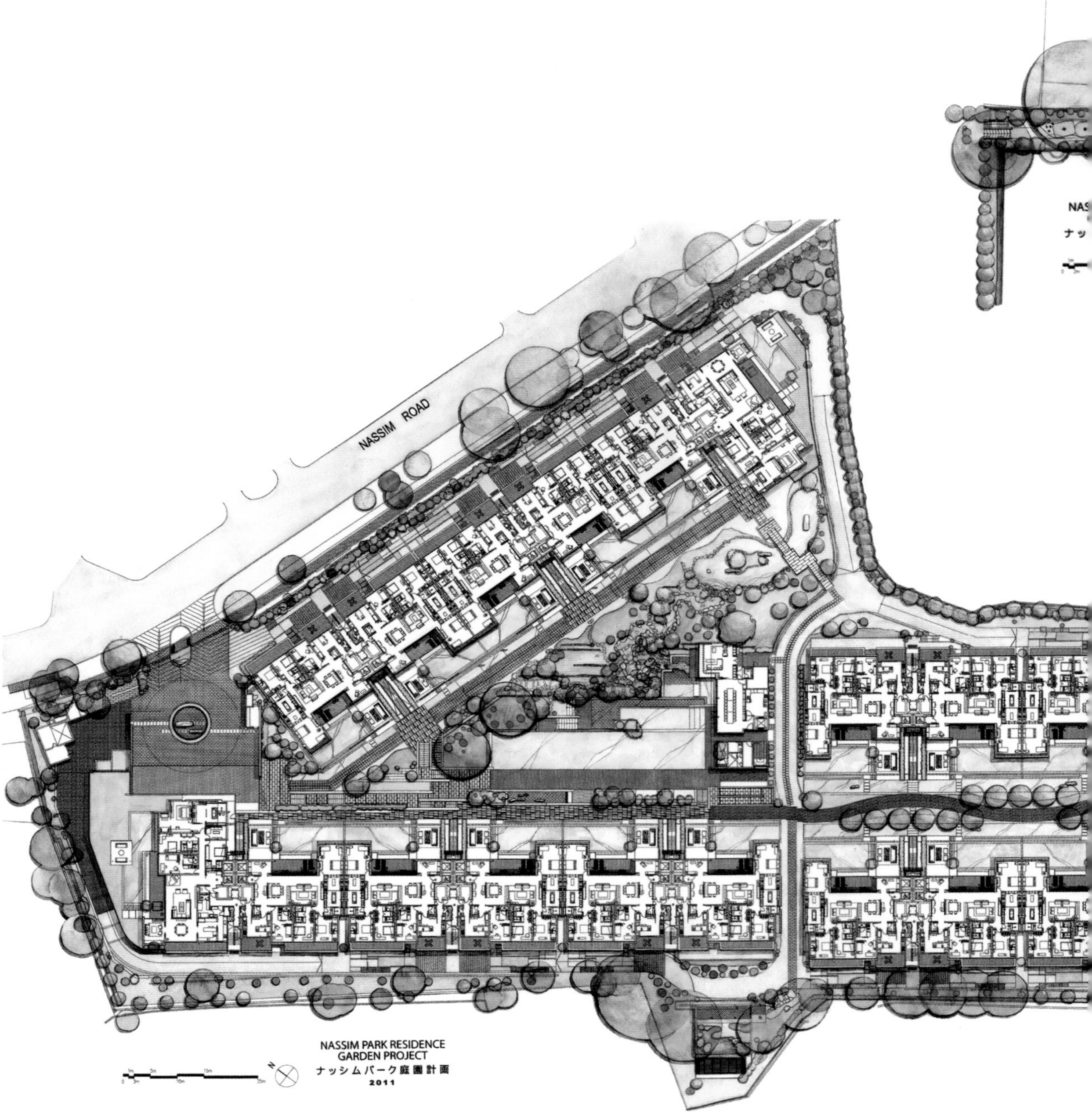
NASSIM ROAD
NASSIM PARK RESIDENCE
GARDEN PROJECT
ナッシムパーク庭園計画
2011

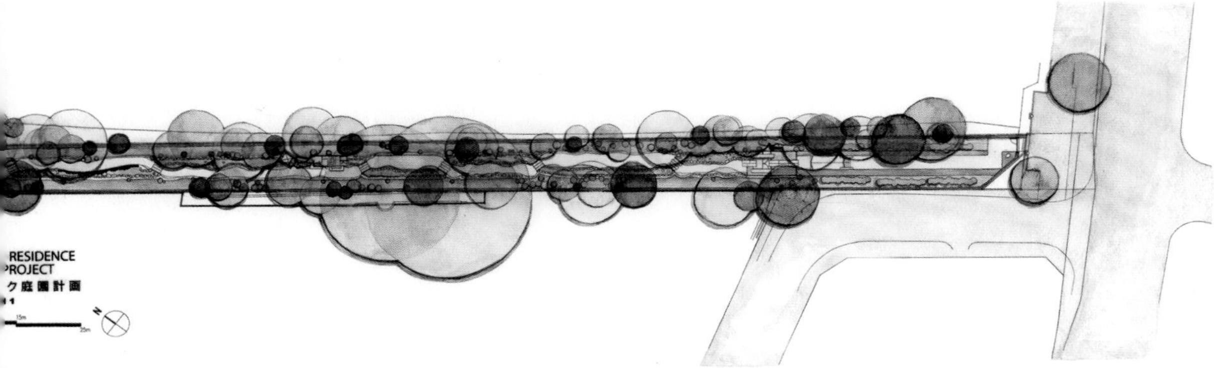

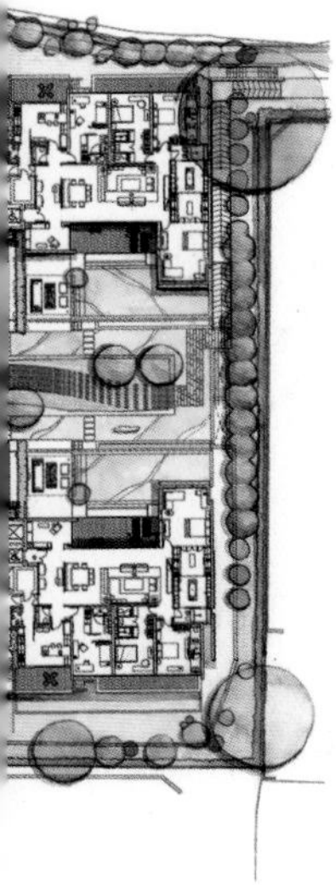

平面图

山水庭

Garden renovation for L's residence

L氏邸庭园改造

中国 · 上海

利用原有松树，营造山中小路的氛围

利用当地产的景石制作的枯水山瀑布

项目坐落于上海的高级别墅区内。L先生的府邸在对室内整体装修的同时也对庭园做了新的设计。

这个庭园的主题是从禅语“闲坐看山水”而来，名为“山水庭”。面向山水，心情放松，闲坐达到静心的状态，使得眼前的庭园景色与人相互影响，人景合一。庭园中原本就种植了大量的树木，此次改建希望尽可能地将这些树木进行再利用，也有一部分植物是新种的。庭园围绕主体建筑进行建设，从客厅看到的西侧庭园为主庭园。从餐厅则能够看到东侧的庭园，接待室的周围则为北庭园。

西侧和东侧庭园以深山幽谷为主题，特别是西侧的主庭园，在现有的树木间制作了枯山水瀑布，以瀑布流水的景色为中心面朝客厅。东侧的庭园因靠近道路，为了阻隔往来车流的噪声，前后错落地制作了多堵墙，并在内侧中心处放置了日本的手水钵。接待室的前庭由于现场条件问题，以干景为主，铺设了砂砾，右侧种了一棵造型松树并配了石灯笼。在接待室的东侧墙壁设计了水景，北侧庭园则以砂砾、竹子和石制艺术品构成。

坐禅室眺望的景色及遮挡临街视线的墙壁

左上　周围寂静的空间，通过白砂来表现静水

左下　接待室北侧窗户看出去的庭园

右　西村金造、西村大造父子制作的四方佛手水钵和石灯笼

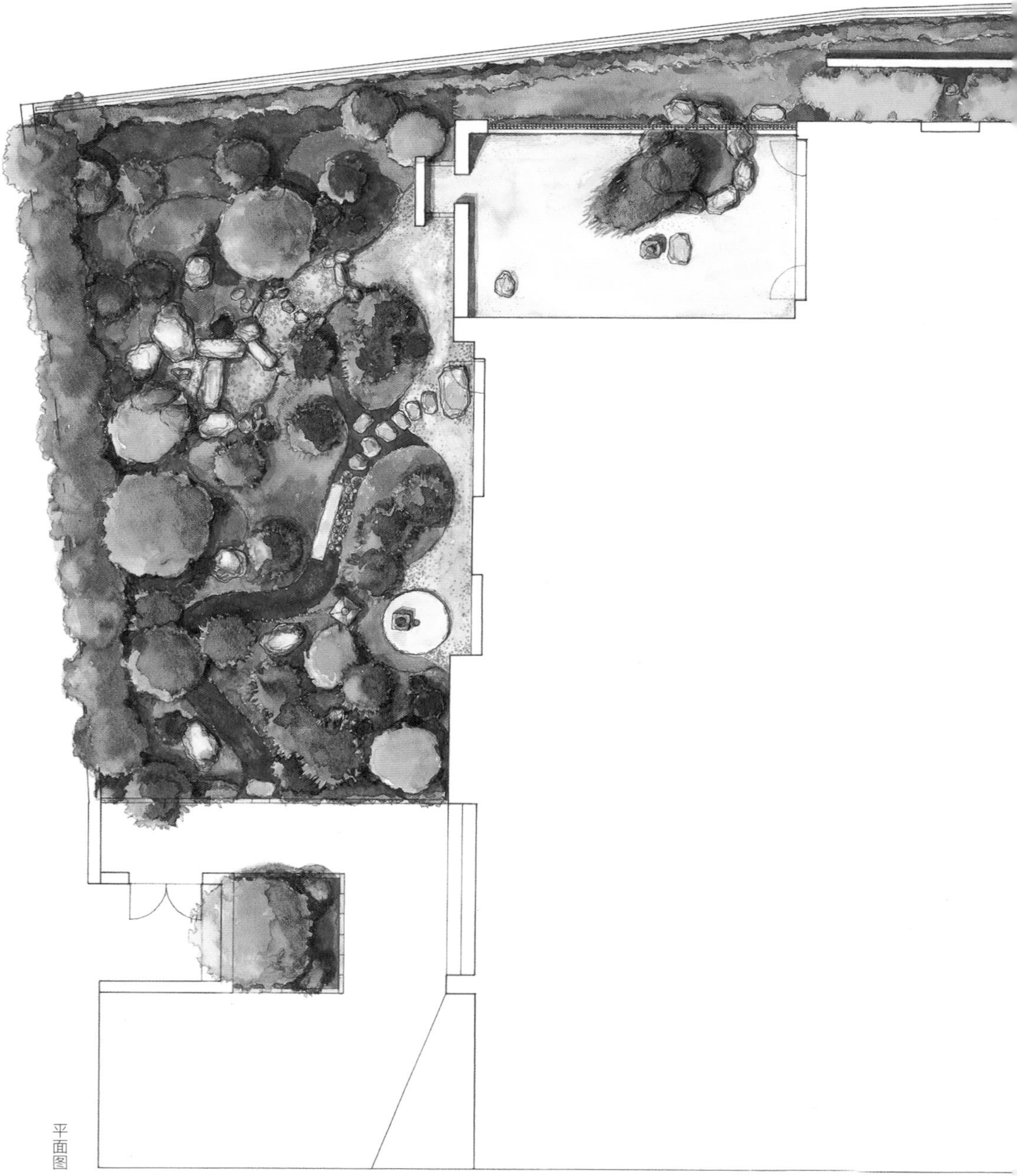

平面图

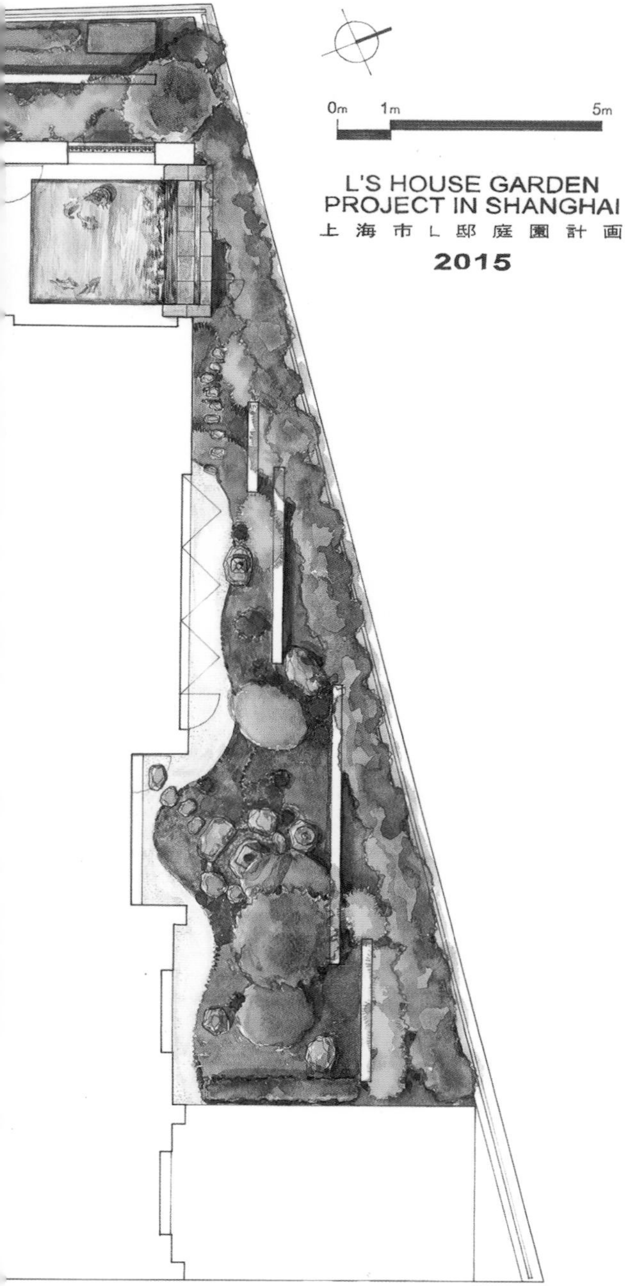
0m
1m
5m
L'S HOUSE GARDEN
PROJECT IN SHANGHAI
上 海 市 L 邸 庭 園 計 画
2015

静稳庭

Garden for H's residence

H氏邸庭园改造

印度尼西亚

游泳池的夜景

广场的石铺装

本项目在印度尼西亚的住宅区内，是一个被高墙所包围的庭园。最初是建筑改建，庭园便一起整修了。

业主对日本文化有很深的兴趣，多次前往日本旅游。业主希望虽然身在印度尼西亚，但也能感受到日本的气息。

首先，我们了解了业主的几点需求。如度假区内需建设泳池及相关配套设施，能够与亲朋好友一起畅谈的烧烤区，给狗狗的活动区域，并且希望能够在庭园中放置雕刻家好友的作品等。但整个庭园的面积并不是很大，无法满足业主所有要求，最后根据建筑的整体性及庭园实用性的考虑，进行了设计。

由于高墙外临近其他建筑，考虑到私密性，在相邻建筑的窗前种植了树木以隔绝视线。

印尼和日本同样是岛国，以前人民的生活普遍比较闲适。但近年快速的经济发展，人口密集和交通堵塞问题接踵而至，人们的生活变得更为城市化。希望业主能够在这样的大环境中也能抽出时间，眺望窗外的美景，在泳池边读读书，感受庭园内的凉风，享受生活的乐趣。故将庭园命名为“静稳庭”。

通过水面之间的台阶

平面图

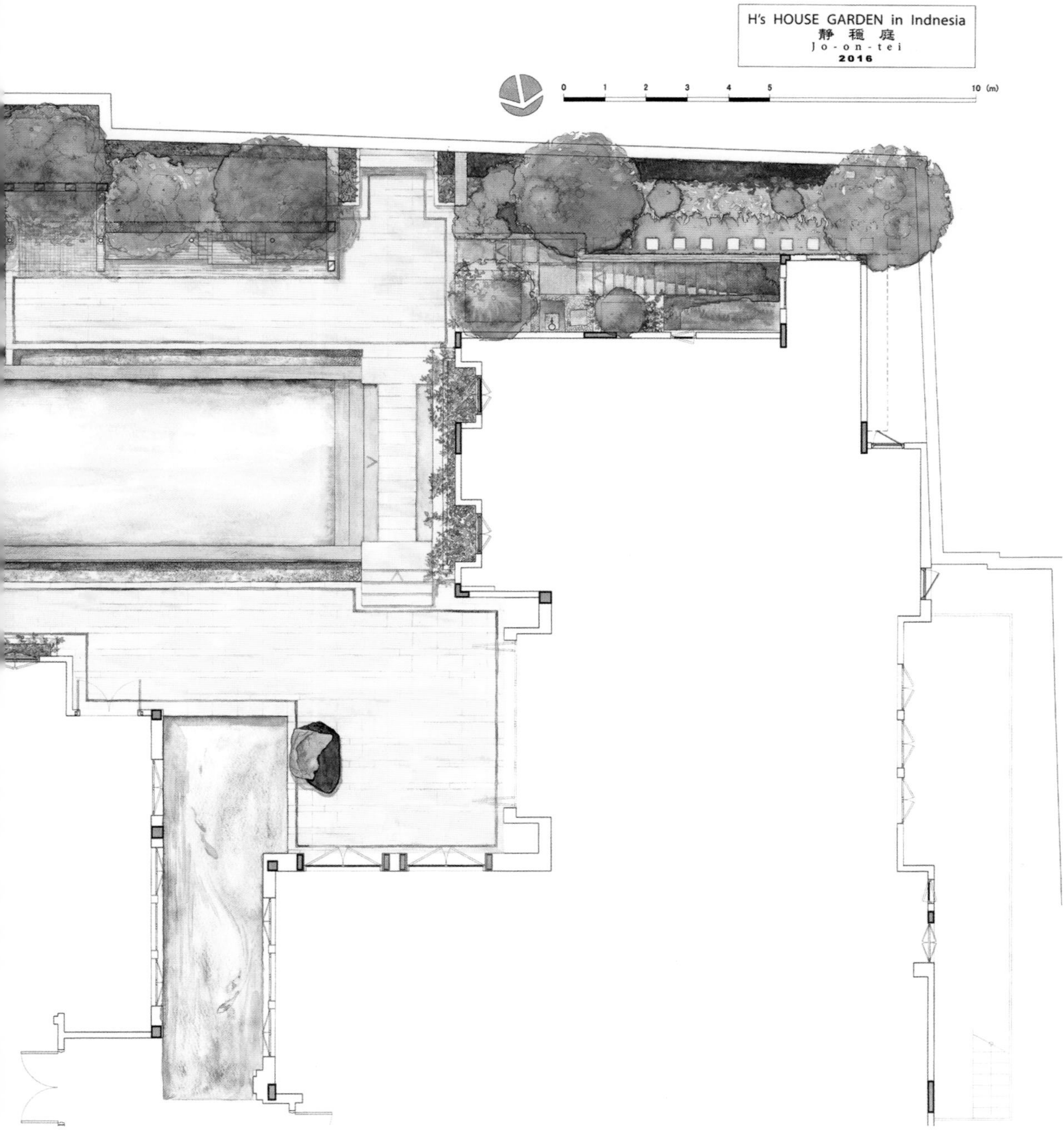
H's HOUSE GARDEN in Indnesia
静 穏 庭
Jo-on-tei
2016
0 1 2 3 4 5 10 (m)

龙云庭

Garden for Qingdao Hisense TIANXI

青岛海信天玺庭院

中国 · 青岛

俯瞰中庭的全景

由自然石制作的喷水手水钵

项目位于拥有美丽的海岸线以及异国风情的都市—青岛。青岛这座城市有着很多德国印记，至今仍然保留了很多美丽的西洋建筑。作为中国近代具有代表性的东部沿海经济城市，旧城以东的新城区在不断开发中。本次的项目用地也在发展迅速的旧城区东面，隔着一条街就能看见大海，有着得天独厚的地理位置。整个项目包含了4栋高层公寓周边及小区内所有绿化的设计。

以禅语“龙吟雾起虎啸风生”为主题，庭园命名为“龙云庭”。直译的意思为“当龙发出吟叫时会起雾，老虎发出吼叫则会起风”。比喻时代造就了英雄豪杰，他们的宏图大展又影响了社会。

小区内每个建筑的周围和入口附近，分别设立了单独的空间，让各个空间既相对独立，又在某些部分具有关联性。中间区域设计了水景，使来到这里的住户能感受到水声带来的惬意。在植物的选择上则考虑整体性，尽可能选择大型的树木，希望整个环境能让入住者有置身自然的体验。

左　青岛崂山产石头砌成的石墙

右　自然石的台阶

左上　用自然石加工而成的石凳及无规则铺装

左下　石雕塑

右　苑路的飞石

左上　水池周围的踏脚石和沙洲

左下　黑色花岗岩和锈石群

右　　发出水声的瀑布

左 石雕塑

右 住宅标示石

0m
5m
15m
N

TIAN XI LANDSCAPE PROJECT
in Tsingtao
海信天玺 ランドスケープ計画 in 青島
2013

平面图

结庭・心清庭

Garden for S's residence

S 氏邸庭园

东京

表现「智慧之环」的石材椭圆形铺贴

入口

项目位于东京市中心的幽静住宅区内。业主在市中心购地新建了这个住宅，同时还预留了庭园空间。在地价昂贵的东京中心地区建造较大面积的庭园是比较少的，所以业主希望在有限的空间内打造一个高质量的庭园空间。

鉴于用地面积的原因，建筑物几乎占满了整个用地，庭园为大门前厅和屋顶的 3 处，及路边细长的部分。让这些分布各处的庭园空间形成一个整体，成为“结之庭”。在这里希望能暂时忘记世俗杂事营造出一个寂静的空间。“佛者心清净是”，据此命名为“心清庭”。

前庭在玻璃砖镶嵌的墙体内侧，与街道住宅区一墙相隔，宛如不同世界。通过清净的竹林前庭后来到玄关。屋顶的主庭则是相对开阔的空间，这是一个能够让人从繁杂生活中解放出来的好去处。在适宜的季节还可以在户外进行就餐、读书等休闲活动，也可以观赏庭园里的美景。每一个庭园空间都带来不同的空间感受，同时也调节着在此居住的主人的心情。

左　穿过「光之庭」进入大门

右　在冰裂纹路面上的景石和玄关的通道

左　不受周围街道影响，明亮的「和之庭」

右上　融合主题的「融之庭」

右下　家族聚会的「温之庭」，室内的延伸空间

左 从屋顶看下去的「温之庭」

右 自然融为一体的屋顶庭园「环之庭」

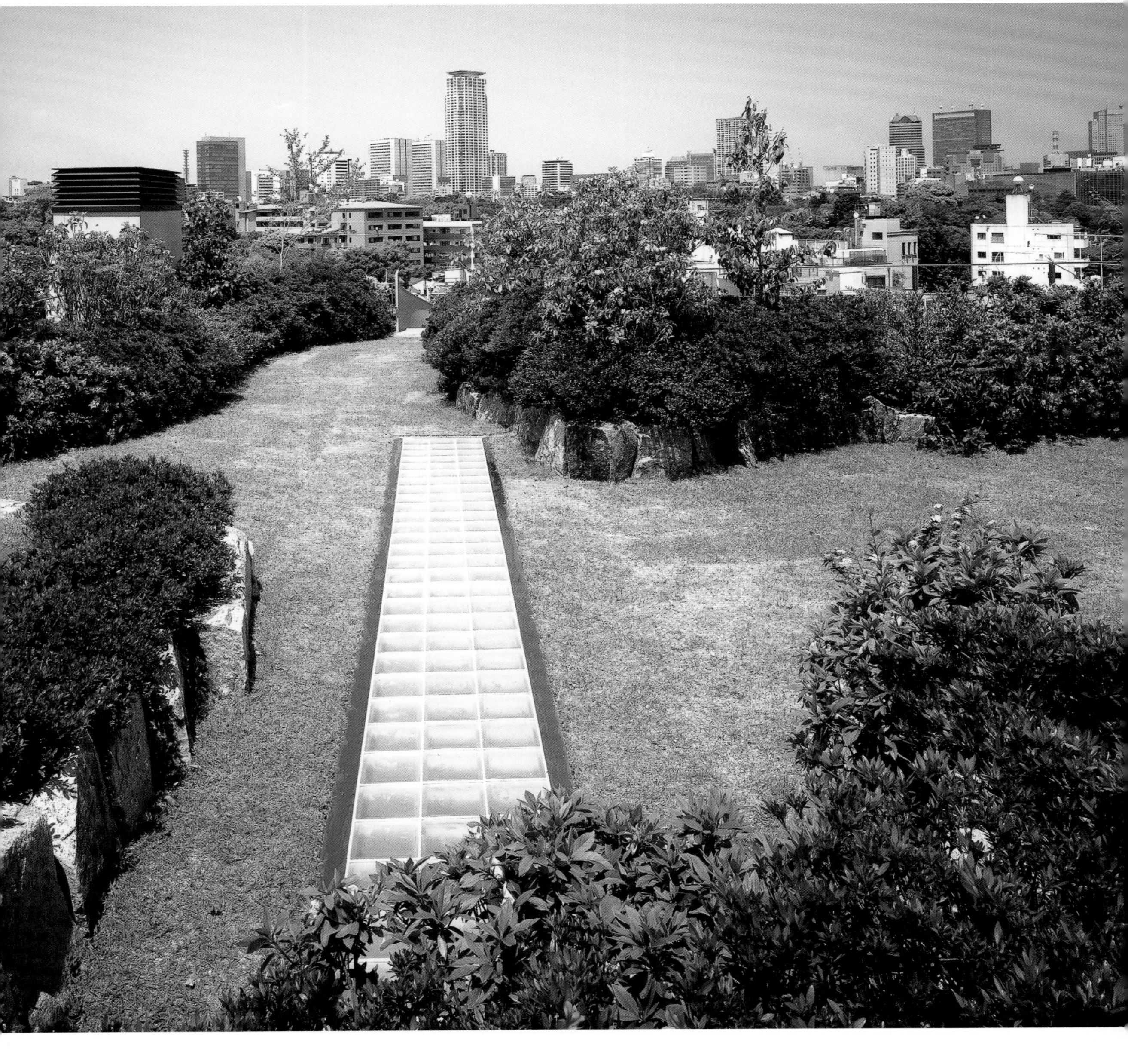

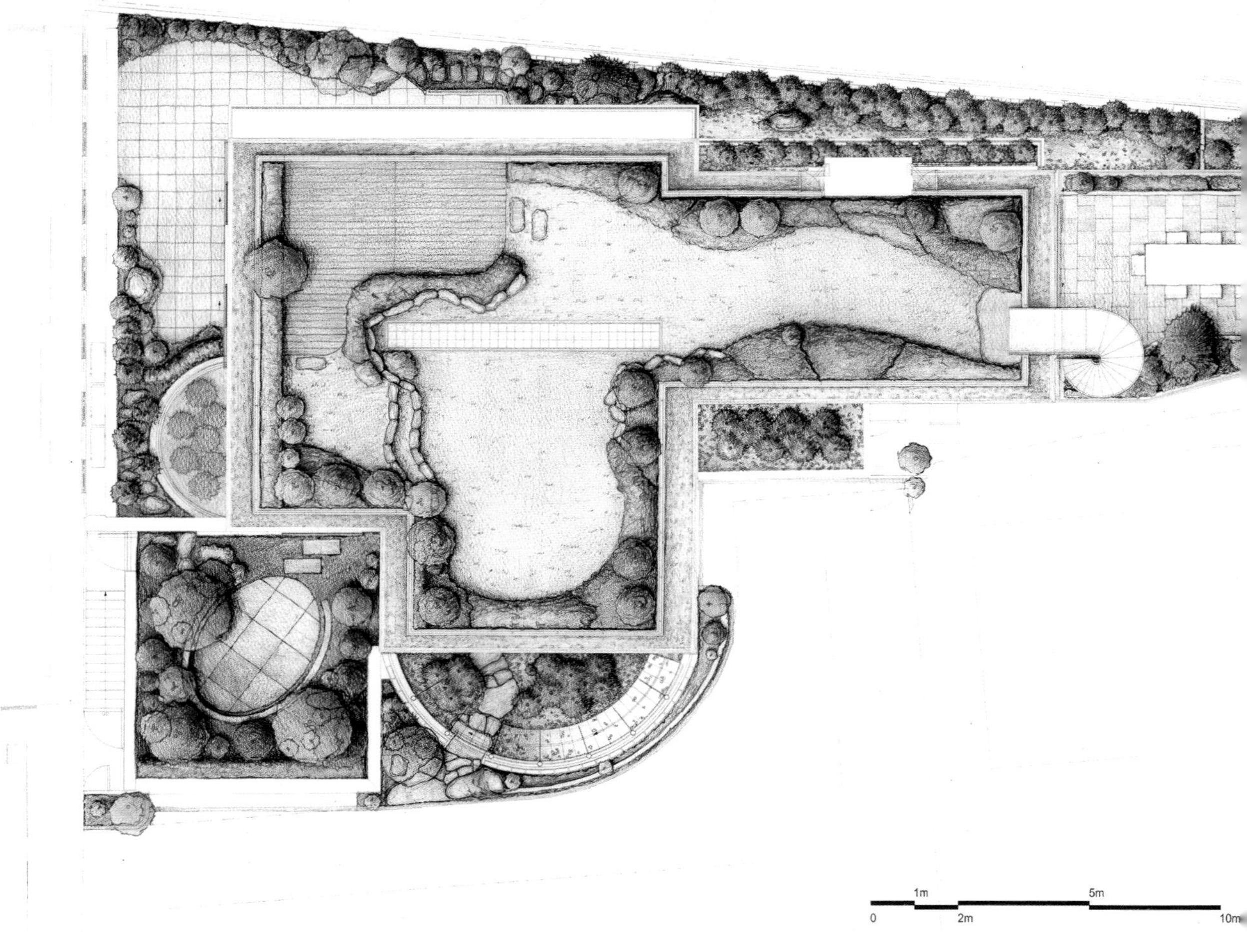

左 平面图
右1 一层平面图
右2 二层平面图
右3 三层平面图
右4 地下一层平面图

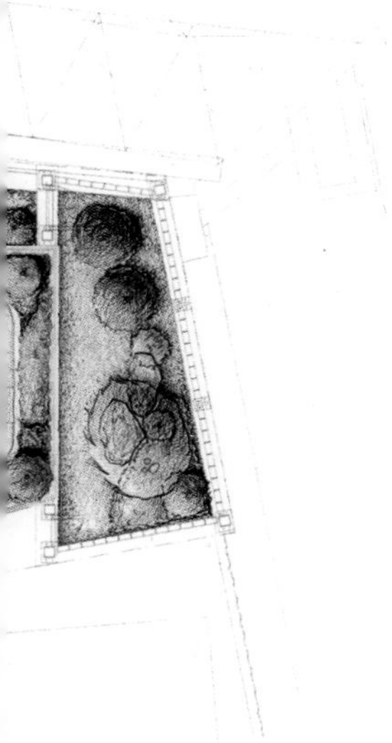

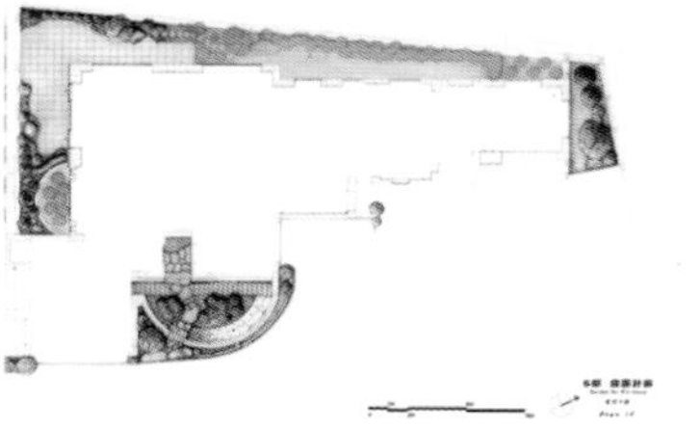

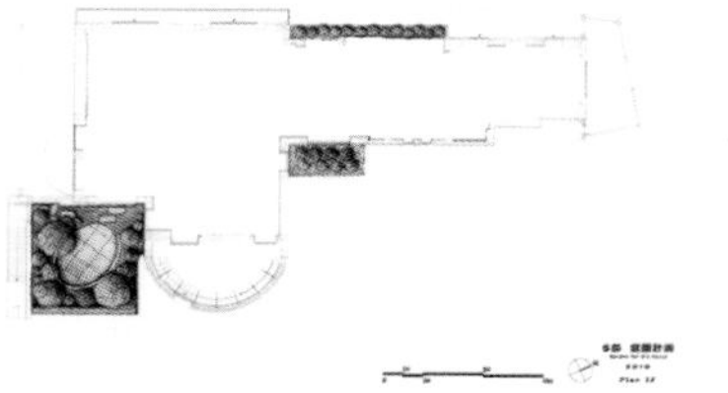

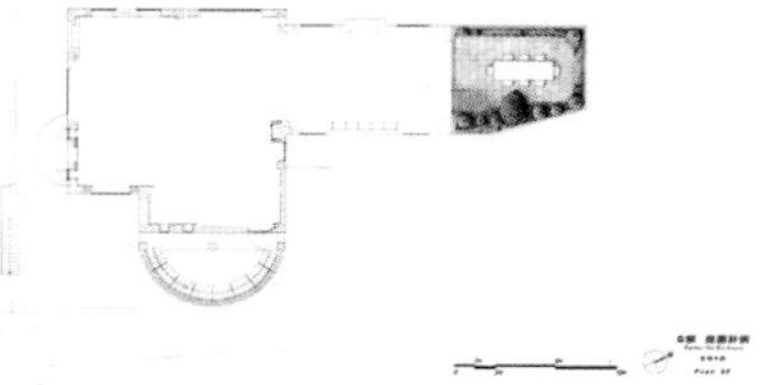

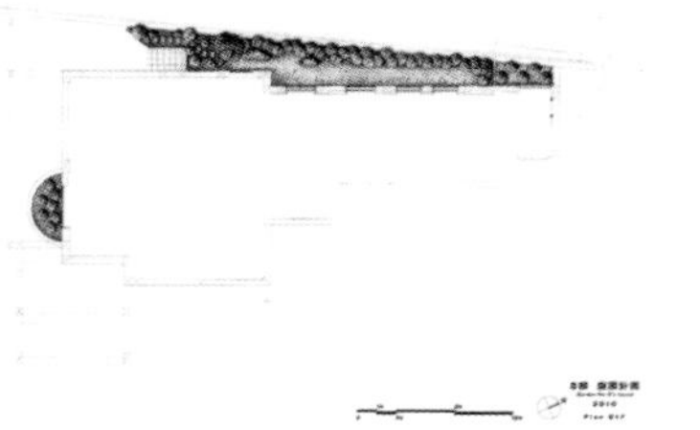

N

S邸　庭園計画

Garden for S's house

2010

清闲庭

Garden for S's residence

S 氏邸庭园改造

美国 · 纽约

曼哈顿一角寂静的精神空间

植物、石砾、铺路石的结合

这是 2011 年春天，在纽约曼哈顿竣工的私人项目。在大楼 6 楼室外建造的庭园，面向客厅，这样便于住户从这里能悠闲地欣赏景色。在生活节奏快速的纽约，希望以舒适的心情度过闲暇的时光，因而命名为“清闲庭”。内外一体，外部的铺装石一直延伸进室内。最后一道工序是在石头的自然表面仔细打磨进行加工。接近外部就直接采用石头本来的石肌。

庭园主要运用砂砾铺装，3 块景石营造了沉着的氛围。庭园里种有枫树、数棵灌木和地被植物。庭园后面可以看到隔壁大厦内侧，所以，掩映在灌木篱笆之中，庭园的景色好像连接着天空。石材全部来自日本，种植的植物也都是耐寒植物。

建筑物是用 100 年前的厚重石头砌成，但庭园布局是与纽约相协调的现代化风格。

庭园的面积大约 30 ㎡，绝对不算大。但通过高密度的设计，给人的感觉却是无限广阔的空间。

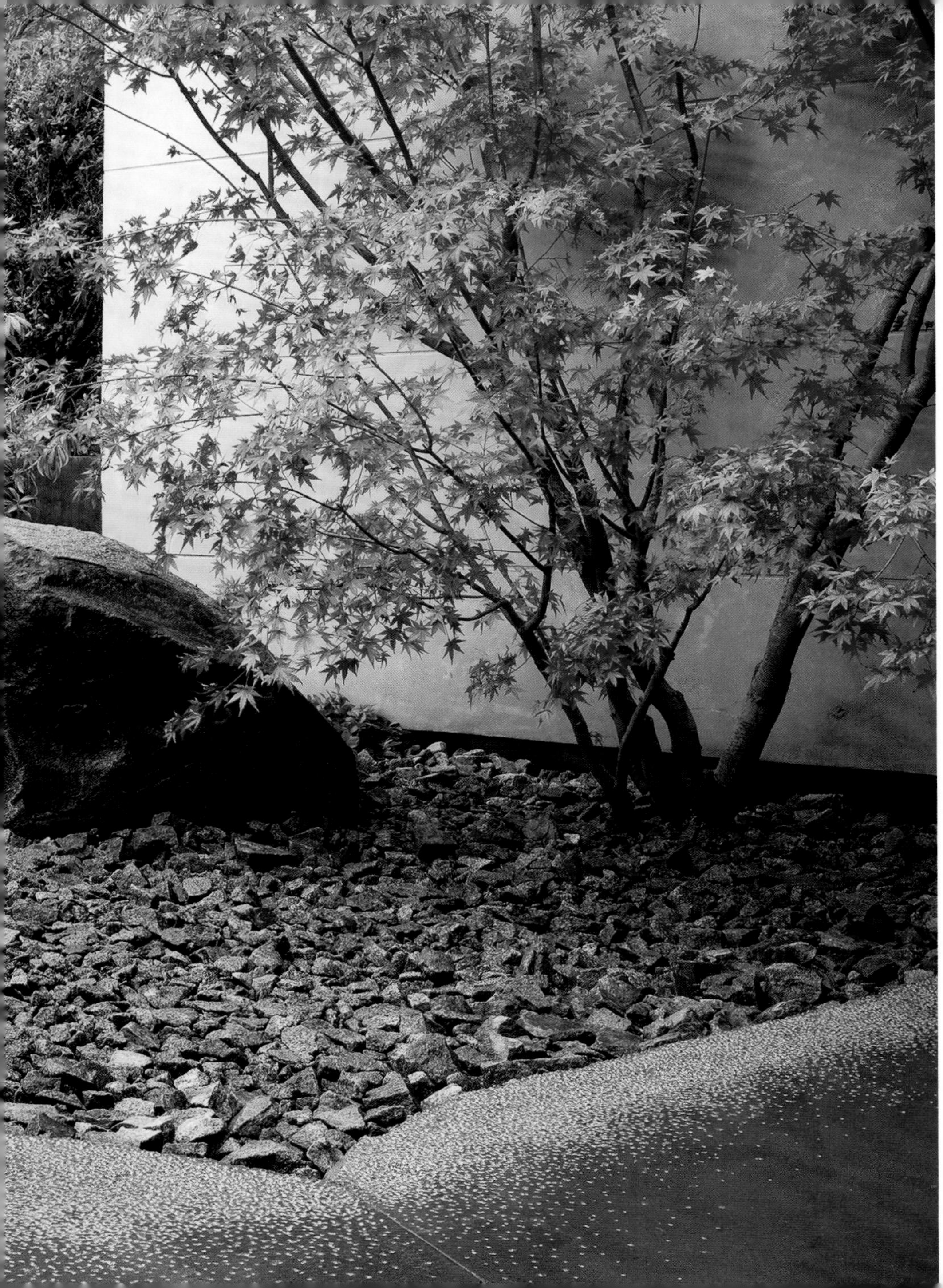

使人感觉静寂的景石和飘逸的枫树

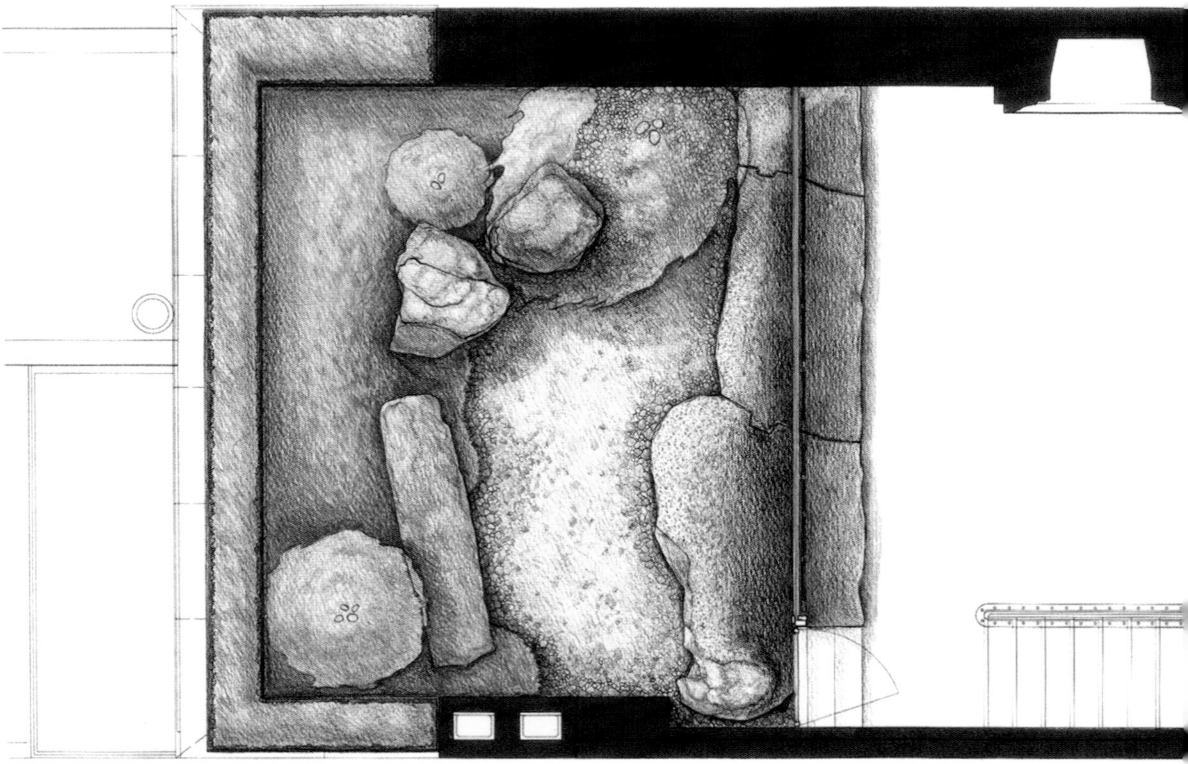

平面图

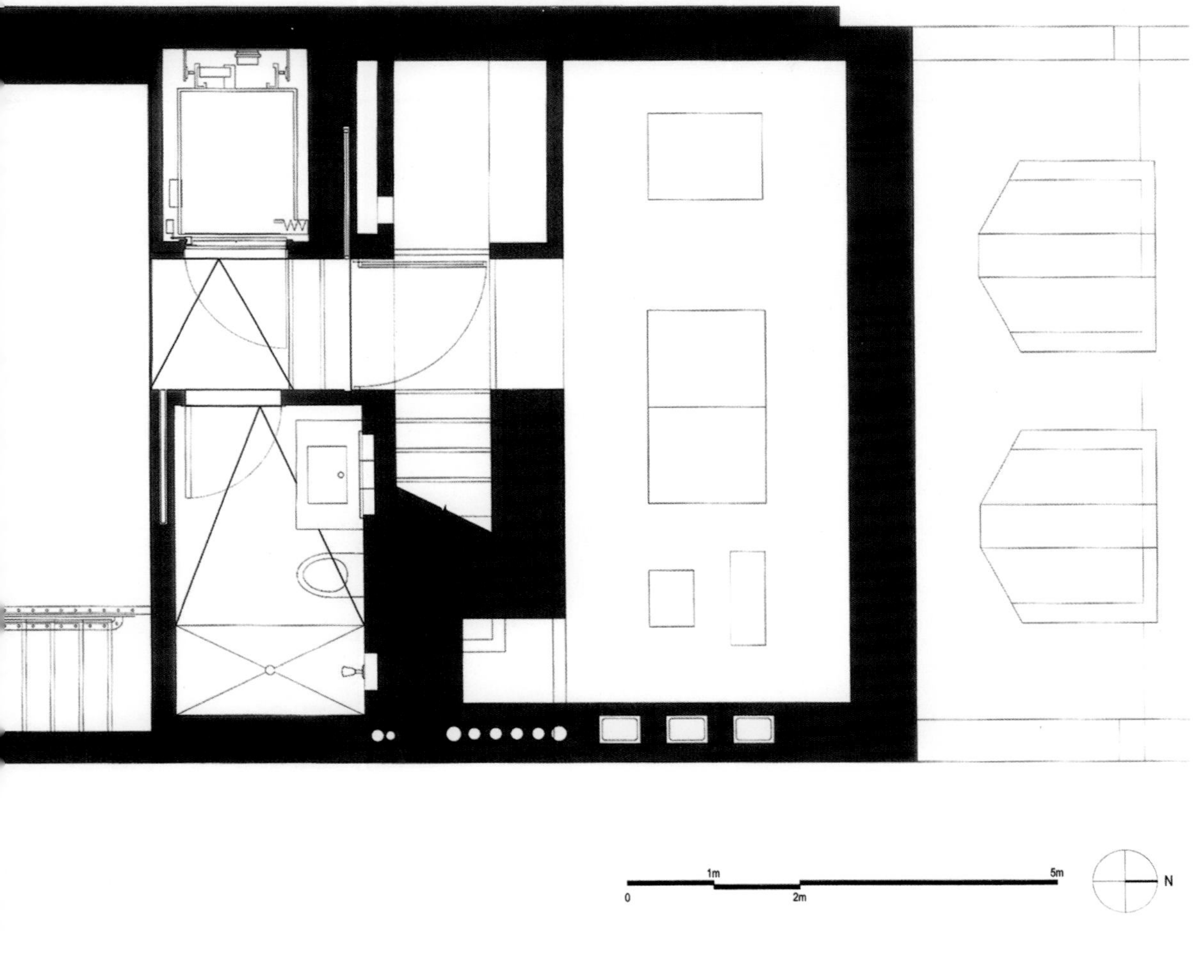
1m
5m
0
2m
N

山水有清音

Garden and some interior for high graded condominium called "THE PAVILIA HILL"

造园设计、室外小品

中国·香港北角

都市元素和自然元素融合的二楼的居间

入口看到的落岩区域

这个是香港天后车站附近的高级公寓项目。

有一句禅语说“山水有清音”。直译是在自然的山水之中能听到清澈的声音，隐喻融入自然后就能听见自然之音。因此这次设计的主题即是在无畏自然的空间体验中感受生活。

一楼的入口以铺装石材为主，并建有高达 7m 的瀑布、石墙及种植了造型黑松。因空间的重要性，这里采用了大块石材，给人一种厚重的高级感。为使空间柔和，沿着西侧边界的墙壁种有绿化植物。

二楼为表现出都市感，采用了直线设计和自然曲线设计相融合的手法。这里曲线表现了山体的轮廓线（等高线），而大地的起伏用自然石材的石墙所表现。两者的融合营造出一种沉稳的空间感受。

北侧的 Meditation room 作为艺术空间，水从顶棚的 3 处位置流向水池，波纹在水池中慢慢扩散。这里不仅有视觉上的感受，在听觉上也是令人愉悦的。自然光线射入室内，在光的照射下水的倒影打在天花板上，给来访者带来不可思议的空间体验。

南边是以自然石为铺装地的烧烤区。有派对的时候，可以把庭园和室内作为一个整体来使用。

公寓由 5 个塔楼组成，在各自的入门处有按照“山”、“水”、“有”、“清”、“音”的主题石制雕塑，作为各个塔楼的标志。在禅的世界，任何素材自身都是美的。在雕塑的制作中，为了展现石材原本的美，先用心去找到它，再稍作雕琢即可。这里使用最多的是庵治石，这种石材表面为茶色，切开后里面却是灰色。这种石材可进行各种加工，是我常使用的石材。

左　造型黑松和庵治石花池

右　从二楼俯瞰庭园

左上　从会所看向庭园
左下　从健身房看到的现代坪庭
右　塔楼入口附近的景色

左上　具有厚重感的石墙和石门

左下　在绿色空间中居住、给人温润的感受

右上　瀑布水声能够扫除杂念

右下　强有力但又纤细的石组

左上　庭园和室内均可使用的烧烤就餐区

左下　被植物包围，入口前厅看到的宁静景色

右　不同面层处理的庵治石铺装烧烤区

左　穿过石墙门后的壁龛
右　连接各住户的通道

都市元素的墙体和庵治石的对比

左　道路夜景

右上　成为主要景色的石雕塑

右下　从茶室看到的枯水山

左　用自然石制作的花池

右　从人工打凿到自然肌理渐变的石墙

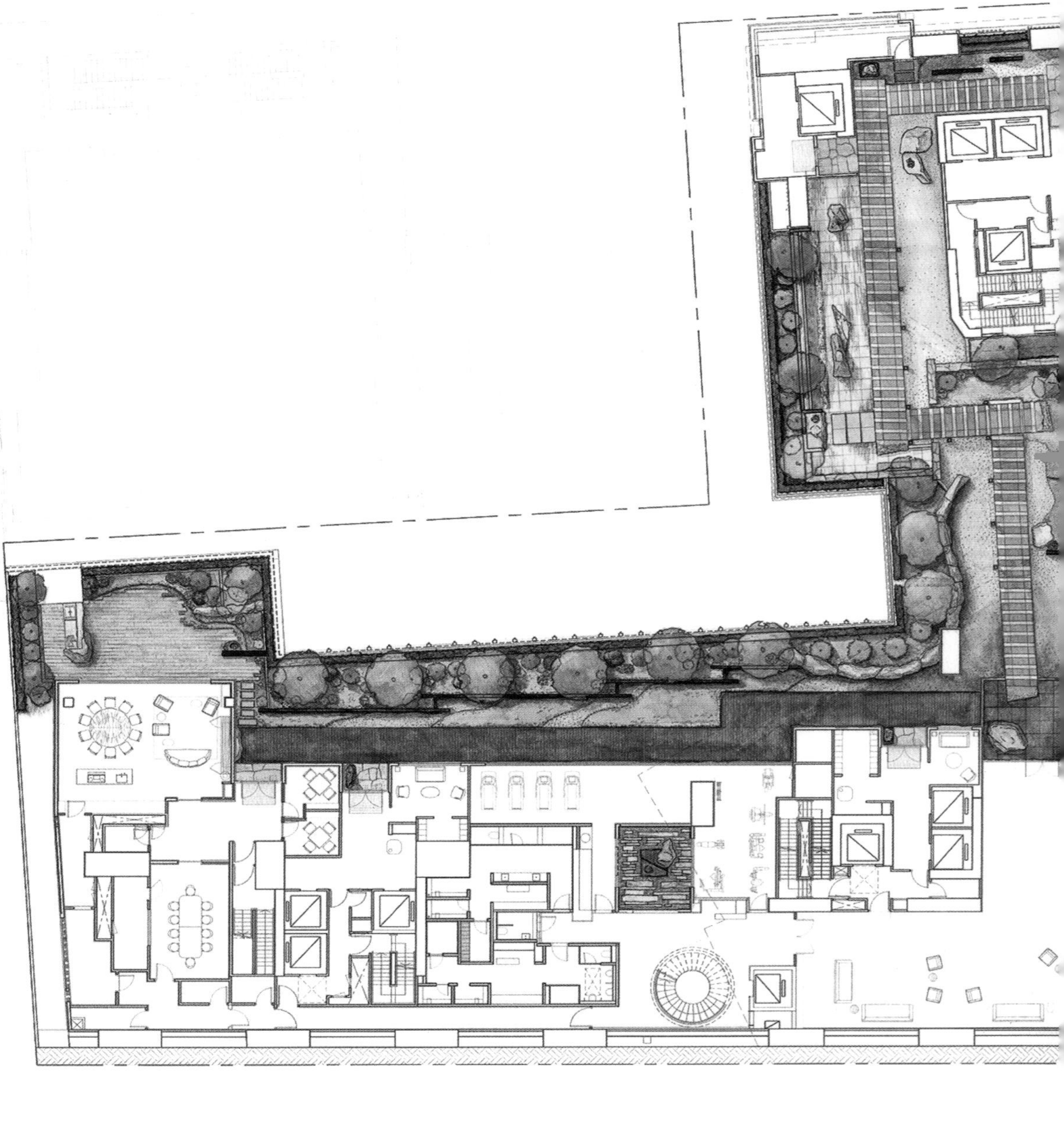

平面图

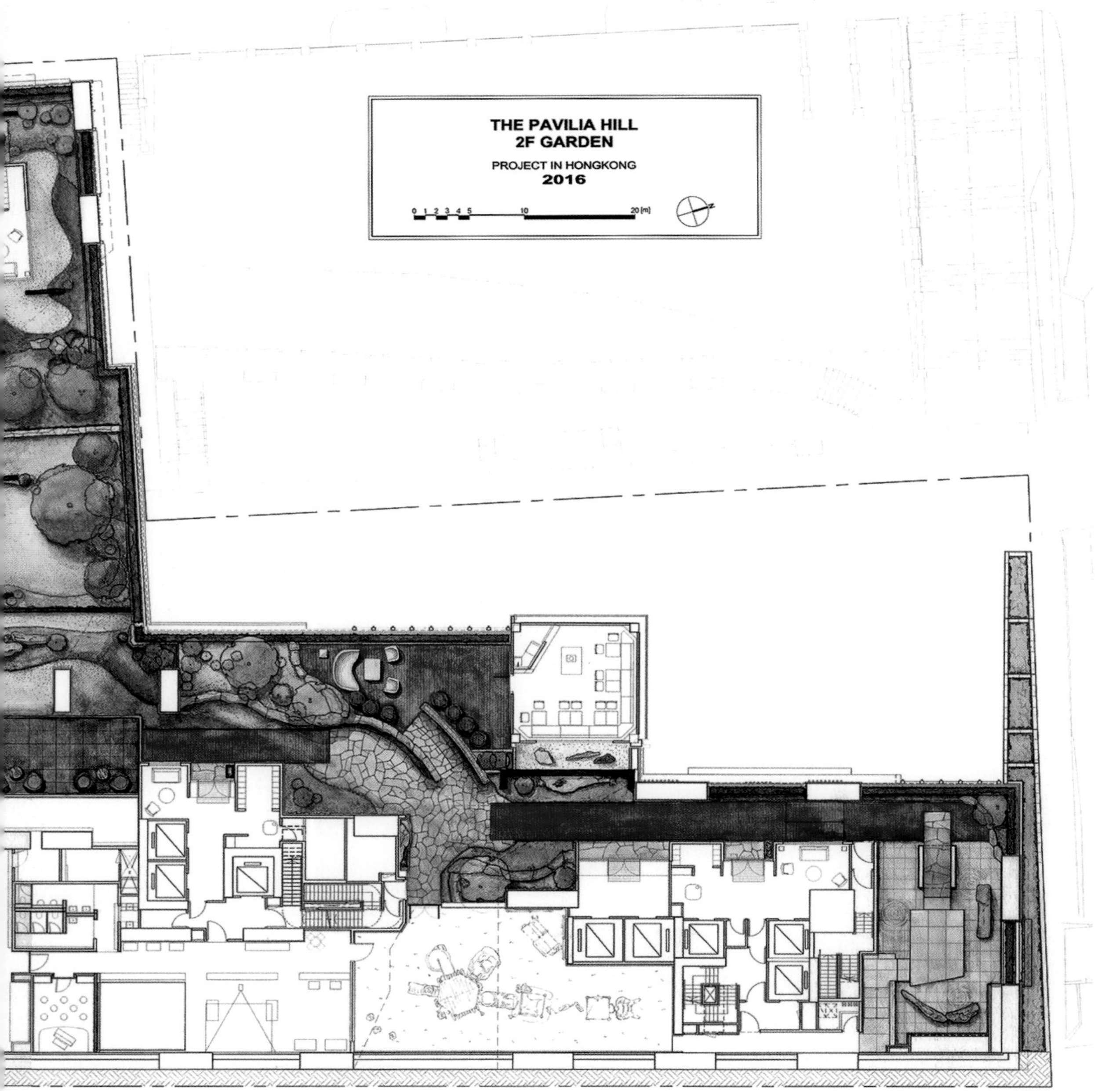
THE PAVILIA HILL
2F GARDEN
PROJECT IN HONGKONG
2016
0 1 2 3 4 5 10 20 (m)

缘随庭

Dry garden for Shanghai World Financial Center

上海环球金融中心石庭

中国 · 上海

在现代化大厦一角呈现的小宇宙

5块景石所象征五大元素（地、水、火、风、空）

2014 年 12 月，在上海环球金融中心一层大厅举办了我的个人的展览“三十亿年之缘”。在展览上，展出了我的雕塑作品及庭园作品，并发表了演讲。此时，在参观者面前通过现场制作的手法介绍日本庭园还是第一次。

这个庭园名为“缘随庭”。按照字面意思就是“随缘”，此次展览的机缘、场所之缘、参观者相遇之缘，希望珍惜这一切。庭园内有 5 块景石，表现佛教中的“五大”。即地、水、火、风、空，这 5 个元素一起表现了世间诸事皆宇宙。

庭园空间由 5 块景石构成，中心区域以立石与添石组成。以这两块景石摆放为先，此后找其平衡放右侧的景石，其次再是左侧的景石，最后是居于立石和左侧之间的景石。除在空间中寻找平衡以外，希望通过石组表现出事物的真理或道理，这就是枯山水的宇宙空间。

石有其“石心”，放在何处比较合适？聆听其心声，石头自己会告诉你。

左上　最后摆放调整空间平衡的石头
左下　右侧的景石
右上　位于中心的立石和添石
右下　（原景图中）左侧的景石

平面图

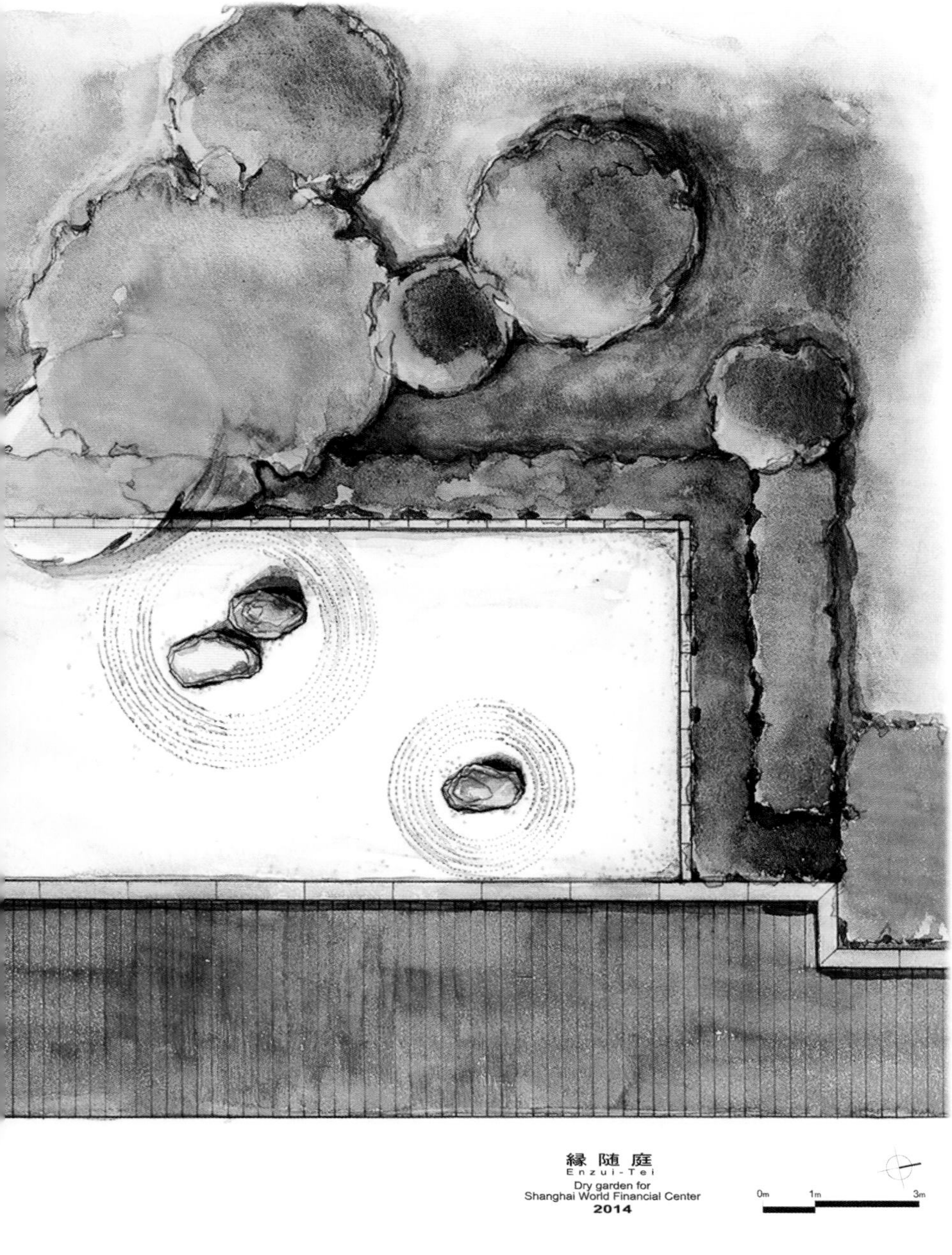

縁随庭
Enzui-Tei
Dry garden for
Shanghai World Financial Center
2014

归稳庭

Garden for S's residence

S氏邸庭园

中国·唐山

园路和水流动线穿过不同区域的水系，水声此起彼伏

庭园的全景。被周围建筑群包围的庭园

中国唐山市是河北省最大的重工业城市，也是一个因矿山而繁荣的城市。说起唐山，很多人会想到1976年发生的大地震，城市经历了毁灭性灾害。地震后，唐山进行了城市复兴的建设，现在这里已是一座崭新的城市了。

由于工作原因，业主经常来往于北京及其他城市之间，休息的日子通常会回到唐山的自宅，在工作的场所与休息的场所相互交替中生活。禅语中有着“归家稳坐”这句话，以这句禅语为主题，这里命名为“归稳庭”。把在城市中体验不到的大自然建设在家里，希望在这里业主能感受到自然，放松心情。

用地位于新的街区，建筑刚完成5年，建筑风格带有西洋样式。其中还有已完成的西式花园及偏日式风格的瀑布和叠石。因业主不满意已有花园，而是希望制作纯正的日本庭园，故找到了我。日本庭园与西式的建筑有着较大反差，并且住宅周围都是超过20层的高楼，庭园受周围环境影响很大，这些都需要通过设计解决。

这次制作的庭园为池泉洄游式，庭园内有2个大小不同的瀑布和水池，连接水池的水系是庭园的骨架。水系多次穿过庭园的动线，这样可以边走边听到流水的声音，给人一种置身于大自然的感受。

高台的瀑布，使人
感觉不到周围建筑群
只有绿化和瀑布的声音

左上　水流流向下池的小瀑布
左下　用六方石做的挡土墙
右　通过调整流水宽度使流速产生变化

左　建筑物入口和景石

右上　客厅前的水池和瀑布

右下　通往入口的道路，硅化木是业主原有的

左上　石桥
左下　庭园内的石凳
右　连接业主父母居住的区域，与西式建筑风格相近的空间

左 岸边的亭子面向水池和岛，根据业主要求设计的唐代建筑风格

右 从亭子眺望的景色

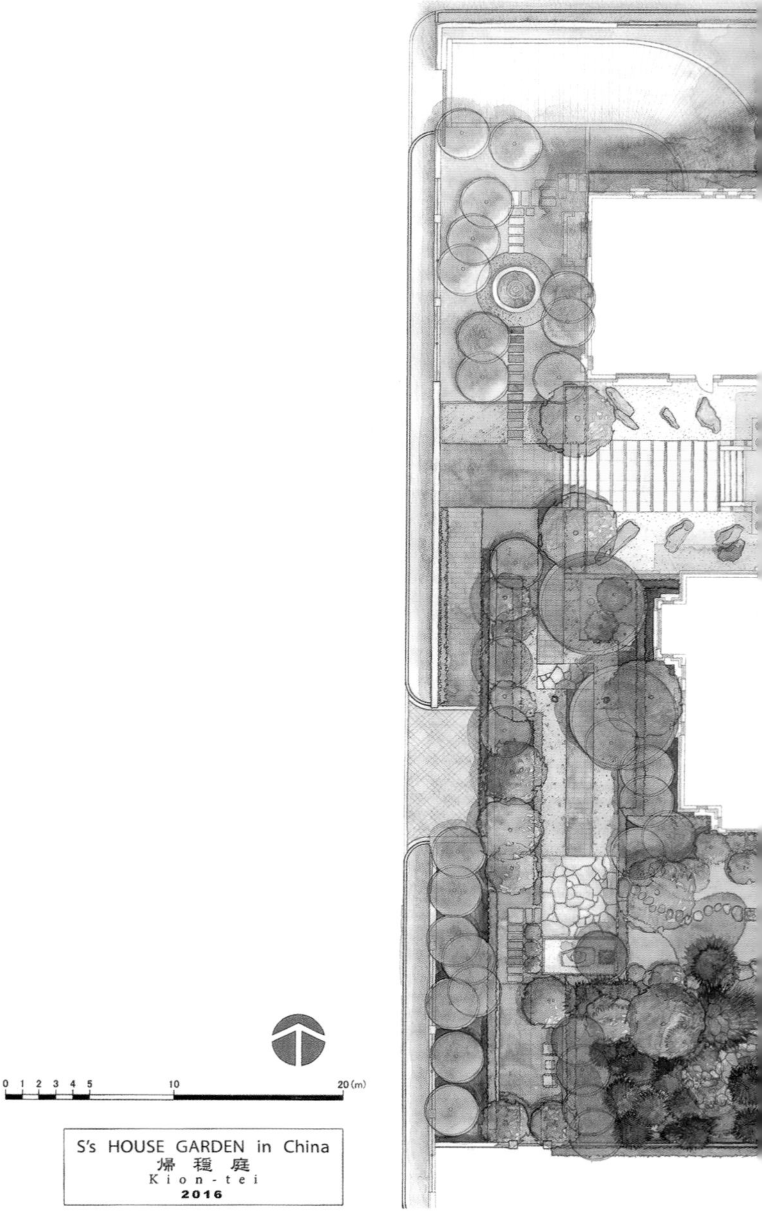

S's HOUSE GARDEN in China
帰穏庭
Kion-tei
2016

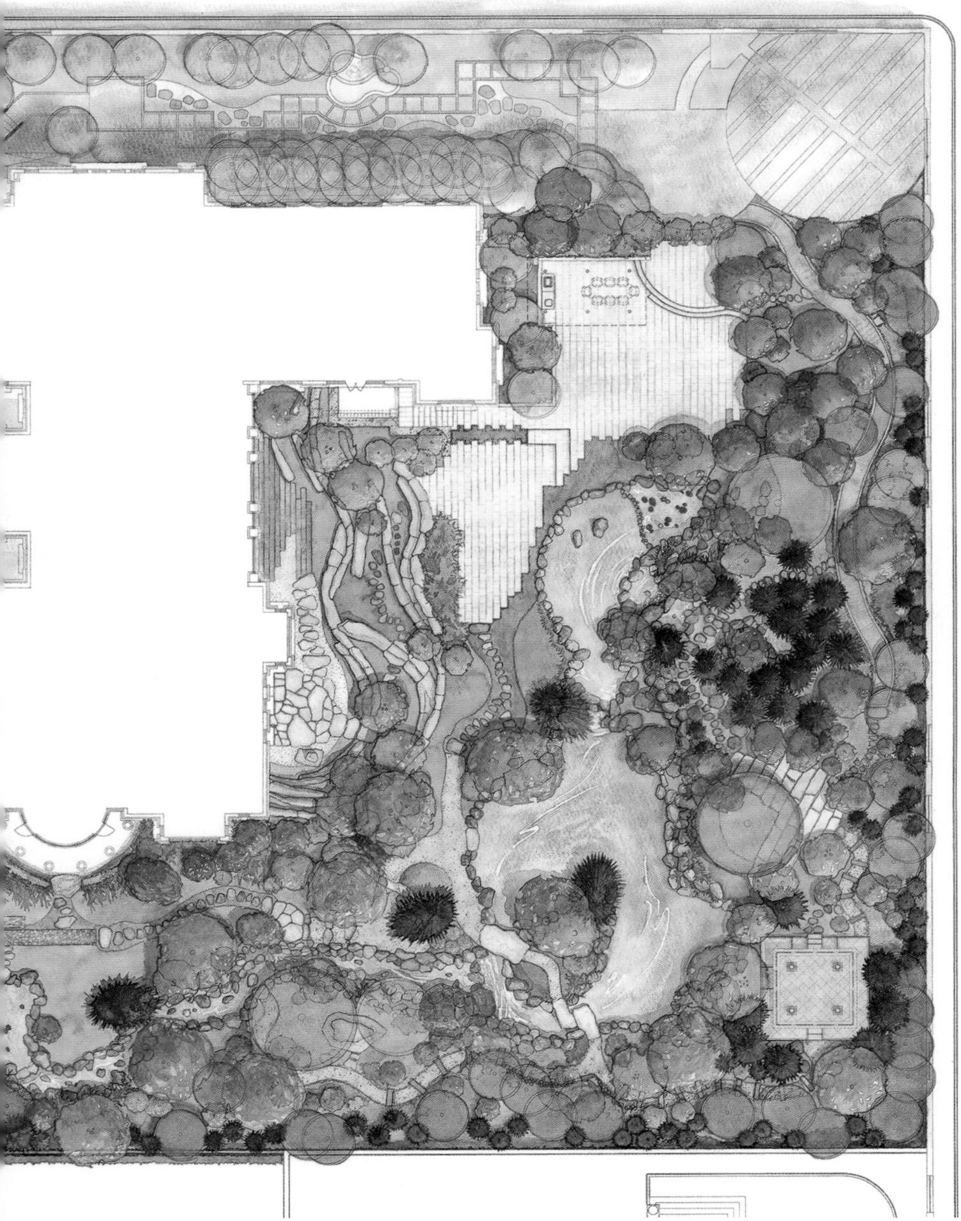

平面图

曹源一滴水

L's graveyard

L家墓地

中国 · 深圳

以由庵治石为主的祭拜空间

墓地面向大海

受一位香港业主的委托，希望能在看得到深圳湾美景的地方为他的父母建造一块墓地。整个设计需要兼顾庭园和祭拜两个功能。庭园中设有从日本运来的石灯笼及景石，再配以石子路通往祭拜的场所。祭拜时，先是通过被绿化包围的庭园空间，让身心得到安静后，再进入祭拜的场所。此次选择的植物多为不太需要养护的当地植物。

在祭拜场所与庭园的过渡空间处放置了石凳，这样能让祭拜者在此一边眺望海景一边思念故人。

祭拜空间大量的使用了庵治石，通过使用曲线来营造柔和的空间体验。庭园以禅语的“曹源一滴水”为名。意思是滴水的聚集能够汇成大河，希望业主家族里的族人们能够在各自的领域里更好的发展，世代兴荣。

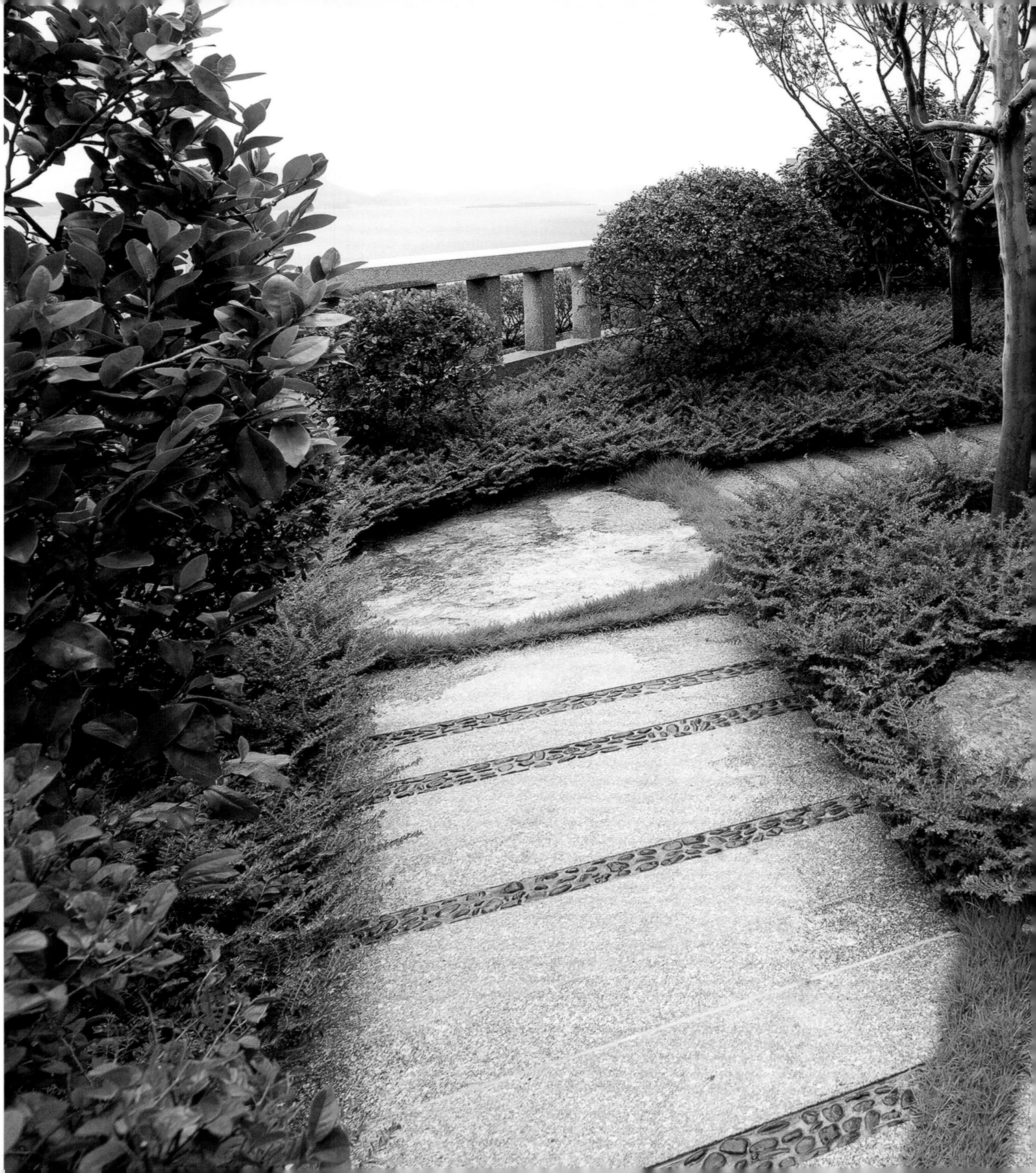

平面图

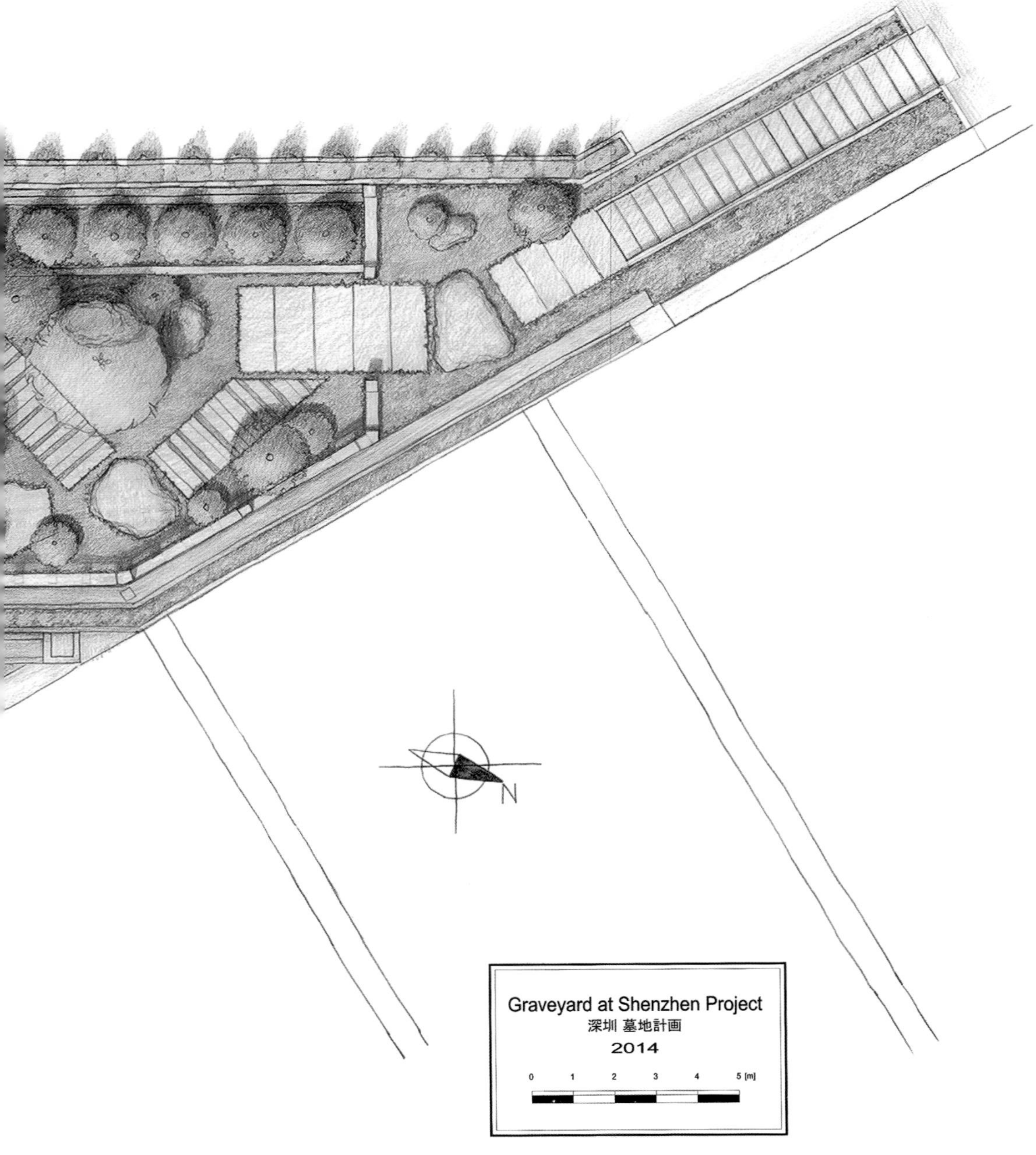
N
Graveyard at Shenzhen Project
深圳 墓地計画
2014
0 1 2 3 4 5 [m]

作品信息

澄心庭 …… 8

作品名称 M 氏邸庭园
Garden for M's residence
设计内容 造园设计
所在地 神奈川县镰仓市
建筑设计 urbia 设计事务所（意匠）、LIGHTWAY（照明）
建筑施工 有限会社建都
造园外构设计・监理 枡野俊明 + 日本造园设计（担当：相原健一郎・宇都宫悠希）
造园施工 植藤造园、和泉屋石材店、D'sCorporation（水琴窟）
业主 非公开（个人）
用地面积 640m²
庭园面积 255m²
材料规格 吉野石、庵治石、十津川石、白石岛产御影石、庵治碎石、白河砂砾、杉皮垣、竹垣、水琴窟、红枫、大果山胡椒、西王母、日本扁柏、四方竹、桧叶金发藓、菲白竹等
工期 2016 年 4 ~ 6 月
摄影 2016 年 6 月 中村彰男

清风苑・坐月庭・禅意咖啡【坐月一叶】…… 22

作品名称 CIAL 鹤见 屋顶庭园・屋顶枯山水・禅意咖啡・电梯厅
Garden and some interior for Tsurumi Station Building(Roof garden, Dry garden in Roof garen, Zen cafe, Elevator hall)
设计内容 造园设计・内装设计
所在地 神奈川县横滨市鹤见区鹤见中央 1-1-2 鹤见站东口
建筑设计 株式会社 JR 东日本建筑设计事务所
建筑施工 大林组
造园外构设计・监理 枡野俊明 + 日本造园设计（担当：相原健一郎・成田慧一・※ 渡部奈保）
禅意咖啡内装设计 枡野俊明 + 日本造园设计（同上）
禅意咖啡施工 三井设计・T.M. 空间
禅意咖啡内茶室施工 安井杢工务店
造园施工 植藤造园、和泉屋石材店
业主 东日本旅客铁道、株式会社横滨车站大楼
用地面积 3125.71m²
总楼层面积 16389m²（地上 6 层，地下 1 层）
庭园面积 1139.73m²（去除屋顶电梯间）

店铺内地面面积　89.8m²
材料规格　（屋顶）庵治石、白石岛产御影石、京都产角石、白川砂砾、日本扁柏、顶花板凳果、真柏、菲白竹、细叶结缕草、山野草、竹集成材等
工期　2012年5～9月
交通　JR鹤见站
摄影　2012年10月　田畑minao

听闲庭 …… 40

作品名称　S氏邸庭园
Garden for S's residence
设计内容　造园设计
所在地　神奈川县横滨市
建筑施工　积水HOUSE
造园外构设计·监理　枡野俊明＋日本造园设计（担当：相原健一郎·宫内理惠子）
外构施工　积水HOUSE
造园施工　植藤造园
业主　非公开（个人）
用地面积　897m²
庭园面积　约85m²
材料规格　萨摩石手水钵、石灯笼、白川砂砾、伊势砂砾·伊势碎石、木曾石、十津川石、三波石、铁杉、紫薇、千金榆、白玉兰、彼岸樱、四照花、全缘冬青、鸡爪槭、紫竹、椿、日本五针松、马醉木、南天竹、卫矛、紫荆、万年青、吕岛竹、麦冬、桧叶金发藓等
工期　2017年1～4月
交通　非公开
摄影　2017年6月　中村彰男

水月庭 …… 48

作品名称　Garden for "THE GREEN COLLECTION"
设计内容　造园设计
所在地　新加坡·圣淘沙湾
建筑设计　RT+Q
建筑施工　JETOCO
造园外构设计·监理　枡野俊明＋日本造园设计（担当：成川惠一·※户高千寻·※渡部奈保）
外构施工　Kok Keong Landscape Pte Ltd.

造园施工　植藤造园
业主　Elevation developments pte ltd.
用地面积　6650.8m²
建筑面积　2660m²
庭园面积　3990.45m²
材料规格　濑户内海产御影石、泥冠石、垂榕、山马茶、月橘、无刺藤、美洲云实、茉莉、雏菊等
工期　2010 年 1 ~ 2013 年 2 月
交通　距离樟宜国际机场车程 30 分钟
摄影　2013 年 1 月　田畑 minao
备注　Singapore Institute of Architects Architectural Design Awards 2013（包括庭园部分共同获奖）

六根清净庭 62

作品名称　Y 氏邸庭园
Garden for Y's residence
设计内容　造园设计
所在地　东京
造园外构设计 · 监理　枡野俊明 + 日本造园设计（担当：成川惠一）
外构施工　株式会社小川组
造园施工　植藤造园、和泉屋石材店
业主　非公开（个人）
用地面积　非公开
庭园面积　28.1m²
材料规格　庵治石、白川砂砾、伊势碎石、四方佛手水钵、白川石蹲踞石组、大和塀、椿、鸡爪槭、姬沙罗、榉树、野茉莉、草珊瑚、吊钟花等
工期　2017 年 1 ~ 4 月
交通　非公开
摄影　2017 年 6 月　中村彰男

和敬清寂庭 70

作品名称　Garden and some interior for "NASSIM PARK Residences"
设计内容　造园设计
所在地　新加坡 · 那森路 15 号 258386，Singapore
建筑设计　SCDA Architects
内装设计　CHRISTIAN LIAIGRE

照明设计	Lighting Planners Associates Inc.
造园外构设计 · 监理	枡野俊明 + 日本造园设计（担当：成川惠一 · ※ 户高千寻）
外构施工	Kok keong Landscape Pte Ltd.
造园施工	植藤造园、和泉屋石材店
业主	UOL Group Limited. + Kheng Leong Co Pte Ltd. ORIX CORPORATION
用地面积	23082.90m^2
建筑面积	6040.84m^2
庭园面积	17042.06m^2
材料规格	庵治石、垂榕、菲岛福木、山马茶、月橘、美洲云实、茉莉等
工期	2008 年 6 月 ~ 2011 年 2 月
交通	距离地下铁 NS Orchard 站步行 10 分钟
摄影	2011 年 2 月 /5 月　田畑 minao

山水庭 ………… 96

作品名称	L 氏邸庭园改造 Garden renovation for L's residence
设计内容	造园设计
所在地	中国 · 上海
造园外构设计 · 监理	枡野俊明 + 日本造园设计（担当：※ 坪根静 · 成川惠一）
外构施工	庭匠
造园施工	植藤造园
业主	非公开（个人）
用地面积	677m^2
庭园面积	235m^2
材料规格	织部灯笼、四方佛手水钵、竹篼、铝、中国产自然石、中国产御影石、砂砾、碎石、毛竹、鸡爪槭、山茶、茶梅、山茶生垣、卫矛、结香、草珊瑚、睡莲等
工期	2015 年 3 ~ 5 月
交通	非公开
摄影	2015 年 5 月　田畑 minao

静稳庭 ………… 106

作品名称	H 氏邸庭园改造 Garden renovation for H's residence
设计内容	造园设计

所在地	印度尼西亚
建筑设计	REDLINE STUDIO
建筑施工	PT Zeta
造园外构设计・监理	枡野俊明＋日本造园设计（担当：成川惠一・※ 志道太一）
外构施工	植藤造园
造园施工	植藤造园
业主	非公开（个人）
用地面积	3185m²
庭园面积	400m²
材料规格	庵治石、垂榕、栀子、月橘生垣、山马茶等
工期	2012 年 7 月～ 2015 年 10 月
交通	非公开
摄影	2014 年 10 月 田畑 minao

作品名称	青岛海信天玺庭院 Garden for Qingdao Hisense TIANXI
设计内容	造园设计、室外小品
所在地	中国・青岛
造园外构设计・监理	枡野俊明＋日本造园设计（担当：※ 桝井淳介・※ 户高千寻・※ 岛田夏美）
造园施工	植藤造园
业主	Qingdao Hisense Real Estate Co.,Ltd.
用地面积	约 20000m²
庭园面积	约 16180m²
材料规格	庵治石、中国产自然石、碎石、砂砾、松、樱、枫树、石楠、黄杨、皋月杜鹃、毛鹃、真柏、草等
工期	2011 年 4 月～ 2013 年 4 月
交通	非公开
摄影	2014 年 11 月 田畑 minao

作品名称	S 氏邸庭园 Garden for S's residence
设计内容	造园设计
所在地	东京

建筑设计 小川晋一都市建筑设计事务所

建筑施工 岩本组

造园外构设计·监理 枡野俊明 + 日本造园设计（担当：相原健一郎·须藤训平）

造园施工 植藤造园、和泉屋石材店、岩本组

业主 个人

用地面积 401.89m²

庭园面积 约 330m²

材料规格 庵治石、白石岛产御影石、伊势砂砾、京都产碎石、防腐木材、毛竹、桂竹、赤松、野村红枫、山红枫、小叶团扇枫、具柄冬青、山月桂、椿、宿务山茶、青冈栎、四方竹、青木、三叶杜鹃、毛樱桃、麻叶绣线菊、日本紫珠、卫矛、马醉木、玉簪、大吴风草、菲白竹、顶花板凳果、紫金牛等

工期 2009 年 1 ~ 12 月

交通 非公开

摄影 2010 年 1 月 田畑 minao

清闲庭 ·· 140

作品名称 S 氏邸庭园

Garden for S’s residence

设计内容 造园设计

所在地 美国·纽约

建筑设计 Steven Harris Architects LLP

造园外构设计·监理 枡野俊明 + 日本造园设计（担当：相原健一郎）

造园施工 植藤造园、和泉屋石材店

业主 非公开（个人）

庭园面积 28.48m²

材料规格 泥冠石、庵治石碎石、枫树、黄杨、马醉木、顶花板凳果、耐候型钢等

工期 2011 年 1 ~ 9 月

交通 非公开

摄影 2011 年 9 月 田畑 minao

山水有清音 ·· 148

作品名称 The PAVILIA HILL

Garden and some interior for high graded condominium called “THE PAVILIA HILL”

设计内容 造园设计、室外小品

所在地 中国·香港北角

建筑设计	P&T Architects and Engineers Ltd.
内装设计	atelier ikebuchi pte ltd
照明设计	nipek
造园外构设计 · 监理	枡野俊明 + 日本造园设计（担当： 相原健一郎 · ※ 渡边奈保 · ※SOOHEE KIM）
外构施工	New World Construction Company Limited
造园施工	植藤造园、和泉屋石材店、岩本组
业主	New World Construction Company Limited
用地面积	4605m²
建筑面积	约 3500m²
庭园面积	约 3000m²（LGF · GF · 2F）
材料规格	庵治石、山西黑、G654、濑户内海产御影石、砂砾、垂榕、紫薇、枫树、小叶榄仁、山茶、樟树、红果仔、含笑、檵木、绣球、杜鹃等
工期	2015 年 11 月 ~ 2016 年 3 月
交通	距离 MTR Tin Hau Station 步行 5 分钟
摄影	2016 年 6 月　中村彰男
备注	获 A'DESIGN AWARD&COMPETITION 的"Platinum"奖项

缘随庭 ······ 170

作品名称	上海环球金融中心石庭 Dry garden for Shanghai World Financial Center
设计内容	造园设计
所在地	中国 · 上海 浦东新区世纪大道 100 号
造园外构设计 · 监理	枡野俊明 + 日本造园设计（担当： 成川惠一）
外构施工	庭匠（中国）
造园施工	植藤造园
业主	上海环球金融中心
庭园面积	55m²
材料规格	京都产碎石、中国产御影石、砂砾、垂榕、山马茶、月橘、无刺藤、美洲云实、茉莉、雏菊等
工期	2014 年 12 月
交通	距离上海浦东国际机场：42km，骑自行车约 45 分钟、乘坐磁悬浮列车 · 地铁约 30 分钟 距离虹桥国际机场：18km，骑自行车约 40 分钟、乘坐地铁约 50 分钟
摄影	2015 年 5 月　田畑 minao

归稳庭 ······ 178

作品名称	S 氏邸庭园 Garden for S's residence
设计内容	造园设计、室外小品
所在地	中国 · 唐山
造园外构设计 · 监理	枡野俊明 + 日本造园设计（担当： 成川惠一 · ※ 竹内 erika）
外构施工	曲阳县艺博源雕塑有限公司
造园施工	植藤造园
业主	非公开（私人）
用地面积	5025m²
庭园面积	3125m²
材料规格	保定产御影石、淳安县产自然石、黑松、白皮松、喀山松、尚治松、野山楂、海棠等
工期	2015 年 3 月 ~ 2016 年 10 月
交通	非公开
摄影	2016 年 6 月 中村彰男

曹源一滴水 ······ 194

作品名称	L 家墓地 L's graveyard
设计内容	造园设计
所在地	中国 · 深圳
造园外构设计 · 监理	枡野俊明 + 日本造园设计（担当：相原健一郎 · 须藤训平）
外构施工	曲阳县艺博源雕塑有限公司
造园施工	和泉屋石材店
业主	非公开（私人）
庭园面积	195.0m²
材料规格	庵治石、中国产御影石、碎石、吉野石、紫薇、含笑、山茶、细叶榕绿篱、月橘、檵木、龙船花等
工期	2014 年 3 ~ 5 月
交通	非公开
摄影	2014 年 9 月 田畑 minao

枡野俊明年谱

1953 2 月 28 日，作为横滨曹洞宗德雄山建功寺的长男出生。

1970 与恩师齐藤胜雄先生相识。开始建功寺的庭园施工。

1975 从玉川大学农学部农学科毕业。毕业后，正式成为齐藤胜雄先生的弟子。

1979 以僧人身份云游至大本山总持寺修行。

1982 成立日本造园设计事务所。菲律宾的 ASEAN 诸国教育刷新中心中庭、巴布亚新几内亚的和平公园等项目完工。

1983 贵云寺庭园、三越驹站 Silver House 日本庭园完工。

1984 东京机器厚生年金基金保养所庭园完工。

1985 担任建功寺的副住持。

1986 箱根银鳞庄庭园完工。在美国 ABC 介绍关于禅与日本庭园的节目。

1987 受聘于不列颠哥伦比亚大学，作为客座教授进行集中授课（中曾根基金的客座教授）。安天火灾海上保险公司汤布高原山庄保养所庭园完工。

1988 京都府公馆（京都府迎宾馆）日本庭园完工。

1989 在康奈尔大学、多伦多大学等学校演讲。日本合成胶筑波研究所庭园完工。

1990 在哈佛大学 GSD 进行演讲。

1991 加拿大大使馆、东京都立大学校园、艺术高尔夫俱乐部庭园完工。

1992 在密歇根大学、密歇根州立大学、西蒙弗雷泽大学进行演讲。高松市斋场公园日本庭园、冲浪酒店琴海庭园完工。

1993 新潟县立近代美术馆庭园、不列颠哥伦比亚大学新渡户纪念庭园改造完工。在华盛顿州立大学进行演讲。

1994 获得不列颠哥伦比亚大学特别功劳奖“AWARD OF MERIT”。同时就任客座教授。由双树舍出版《寺院空间的演出》。香川县立图书馆 · 文书馆、厚生省厚生年金介护付老人之家庭园、科学技术厅金属材料技术研究所 plaza 完工。

1995 新渡户纪念庭园改造项目所在的 CSL（Canadian Society Of Landscape Architects）获得“NATIONAL MERIT AWARD”奖项。由 Processor Architecture 出版作品集《工程架构：枡野俊明的景观设计》。羽之浦町情报文化中心日本庭园、加拿大国立文明博物馆日本庭园完工。NHK 电视台放映节目《人间地图》“庭园之美 · 枡野俊明”。在渥太华进行演讲。

1996 今治国际酒店庭园、法兰克福日本中心日本庭园完工。

1997 获得日本造园学会奖（设计作品部门）、获得横滨文化奖。在英国第 4 频道“DAN PERSON ROUTES AROUND THE WORLD：kyoto”节目中作为向导出演。

1998 就任多摩美术大学环境设计学科教授。担任 TBS 电视台《世界遗产：古都京都的文化财》节目综合监修。Le Paul 麴町、田园调布公园公寓完工。担任横滨市长的咨询委员（～ 2000）。

1999 作为庭院设计师获得艺术选奖文部大臣新人（美术部门）奖。由 Benesse 合作社出版《日本庭园观照术》。美国 Rockport Publishers 出版作品集《Ten Landscapes：Shunmyo Masuno》。祇园寺紫云台庭园、莲胜寺客殿庭园完工。

2000 横滨三溪园鹤翔阁庭园完工。

2001 担任建功寺第十八代住持。翠风庄、Cerulean Tower 东急酒店庭园、高円寺参道完工。

2002 道元禅师行化纪念碑、S 氏邸庭园完工。在英国 Mitchell Beazley 出版的《Modern Japanese Garden》中执笔序文。中国清华大学、中国建筑工业出版社合作出版《日本景观设计师：枡野俊明》。

2003 受外务大臣表彰、都市绿化功劳者国土交通省大臣表彰。由（财）国际花与绿博览会纪念协会出版《日本造园心得》日文版及英文版。每日新闻社出版作品集《禅之庭：枡野俊明的世界》。防府市火葬场庭园、Berlin Marzahn 日本庭园、卑尔根大学庭园完工。在柏林日独中心、奥斯陆、卑尔根、国立近代美术馆等地进行演讲。作为日加修好 75 周年纪念事业的一环，受外务省委托，在渥太华、埃德蒙顿、温哥华进行“禅与日本庭园”的演讲。受到秋之园游会的邀请。

2004 Zweites Deutsches Fernsehen European Culture Channel（ARTE）的特别节目“21st Century Garden Art：Shunmyo Masuno”在欧洲全境夏季播出。

Opus 有栖川 Terrace 庭园及一层室内、祇园寺库里客殿中庭、Y 氏邸茶庭完工。收到内阁总理大臣“赏樱会”的邀约。在第 41 回 IFLA World Congress（中国台湾）进行演讲。

2005 获得 Gala Spa Award 2005 特别奖（于 Barden Barden），加拿大政府授予 Meritorious Service Medal“加拿大总督勋章”。不列颠哥伦比亚大学授予名誉博士称号（Honorary Degree）。获得土木学会设计优秀奖。在法兰克福进行演讲、在第 8 回 WAFA（World Association of Flower Arranges）世界大会进行基调演讲。西见寺参道、外务本省中庭完工。由 NHK BOOKS 出版《梦窗疎石：精通日本庭园的禅僧》。

2006 在 Rutopia Coccuse 财团主办的国际竞赛中获得优胜。被德意志联邦共和国授予功劳勋章功劳十字小绶章。卡尔加里总领事馆和卡尔加里大学联合主办了“禅与日本庭园”的演讲。

2007 银鳞庄坪庭、寒川神社第一期整备施工、中国香港 One Kowloon building 入口及一层室内完工。在新加坡·Design Festival 进行演讲。NHK 国际电视台“Insight & Foresight”节目中播放特辑。

2008 H 氏邸庭园（目黑区）、德国 H 氏邸庭园、Glorious Sun Holdings 本社 Reception counter、聘珍楼香港 Kwan Tong 店中庭完工。每日新闻社发表《禅与作为禅艺术的庭园》、Asuki 出版新书《与禅僧巡游京之名庭》。在 NHK“课外授业前辈你好”中出演。在柏林进行演讲、在法国开展的 International Garden and Tourism Conference 中进行演讲。

2009 S 氏邸庭园（大田区）、寒川神社第二期整备施工、御诞生寺前庭完工。三笠书房出版《禅：简单生活的建议》。

2010 西麻布 S 氏邸庭园（港区）完工。实业之日本出版《禅的简单工作法》、新讲社出版《放手力》、每日新闻社出版作品集《禅庭 II：枡野俊明作品集 2004 - 2009》。

2011 新加坡 Nassim Park Residence、S 氏邸球场（纽约）完工。朝日新闻出版社出版《就这样让心情放松的禅语》、河出书房新社出版《让人生变丰富的禅，简单整理法》、广济堂出版社出版《禅：简单发想法》、三笠书房出版《禅“心灵大扫除”》、FILMART 出版《共生的设计》、青春出版社出版《简化人类关系的禅之建议》、大和书房出版《禅的语言 ~ 简单生存的诀窍 ~》。

2012 鹤见站大楼屋顶庭园（5 楼的禅 CAFE 及其他部分室内设计）、新加坡集合住宅 Green Collection 完工。Softbank 文库出版《使头脑冷静的禅思》、幻冬舍出版《禅教给我们美好的人创造的“所作”的基本》、Tuttle（USA）出版英语版综合作品集《ZEN GARDENS / The Complete Works of Shunmyo Masuno：Japan's Leading Garden Designer》（Mira Locher 著）、三笠书房出版《禅，创造积极心态的生活的基本》、PHP 研究所出版《图解：禅宗掌握的“人生”与“工作”的基本》、朝日新闻出版社出版《从禅语中学习天然生活与美好人生》。12 月，NHK World 的英语版纪录片《The Spirit of Zen in a Japanese Garden》（50 分钟）面向世界播出。就任 Beijing DeTao Masters Academy（北京德稻教育机构）大师。

2013 PHP 研究所出版《禅教给人生的答案》、河出书房新社出版《不生气的禅之方法》、幻冬舍出版《禅教给我们创造美好时间“所作”的智慧》、PHP 研究所出版《谁会守护你的墓地？“心灵的 Ending Note”的建议》、PHP 研究所出版《你与家族的 Ending Note（禅教会我们丰富人生完结的方法）》、青春出版社出版《发现悠闲生活的“舞场”的方法》、三笠书房出版《担心的事情 9 成都不会发生》、小学馆出版《禅与食，整理“生活”》、Media Factory 出版《写下体会的禅 创造爽朗的心》、KOU 书房出版《禅的生活减肥》、河出书房新社出版《写入式圆珠笔 < 般若心经 > 练习贴》、小学馆出版《眺望的禅》。在北京大学进行演讲、在香港造园家协会成立 25 周年进行基调演讲。 NHK 教育电视台“团魂 STYLE”节目、NHK World 电视台“Design Talks Mitate”节目、NHK 教育电视台“团魂 STYLE”节目（7 月）、NHK 广播电台“广播深夜便”节目中出演。

2014 中国的 Hisense TIANXI project（青岛）、SEA Group 创业者墓地（深圳）完工。在华沙进行演讲、在纽约植物园（NYBG Midtown Education Center）进行演讲、在帕瓦洛夫斯克、上海进行演讲。在 NHK World 电视台“DESIGN TALKS”节目中出演。广济堂出版社出版《放松心态，断舍离心得》、世界文化社出版《消灭 9 成的不安》、角川书店出版《准备 消除心理压力的禅的知惠》、幻冬舍出版《日本人为什么美丽》、KADOKAWA 出版《人生的药箱》、小学馆出版《了断恶缘！抓住良缘的极意》、PHP 研究所出版《使 50 岁也善于生活的禅的知惠》、清流出版社出版《使躁动的心灵安静的方法》、经济界出版《幸福不是成为，而是感知 一口气学会 35 条 < 禅的知惠 >》、三笠书房出版《稍微脱离竞争，人生就会变好》、主妇之友出版社出版绘本《笑一笑和颜爱语》《嘿！结果自然成》、讲谈社出版《在心里创造美好的庭园吧》、SUN MARK 出版社出版《心境 般若心经》、河出书房新社出版《不要迷惘 坐禅的作法》、中国建筑工业出版社出版《日本造园心得》中文版。6 个放置于香港中远大厦新纪元广场的石雕作品开放展示（2014 年 9 月 3~ 14 日），在上海环球金融中心举办个人展览（包含石雕作品 3 个，2014 年 12 月 3~ 31 日）。

2015 中国 L 氏邸（上海）、印度尼西亚 H 氏邸（雅加达）、中国 L 氏邸（上海）坐禅堂完工。NHK 教育电视台“心灵的时代：枡野俊明”节目、BS 日本电视台“久米书店：知道了！一本话题”节目、BS 富士电视台“等等力基准：日本庭园道”节目中出演。小学馆出版《使生活放松的椅子坐禅》、KOU 书房出版《禅的款待生活》、水王舍出版《“原谅”这种禅的生活方式》、三笠书房出版《使生活放松的“洗涤心灵的方法”》、PHP 研究所出版《无限的简单中，丰富的生活》、樱花舍出版《超越年迈的生活方式》、小学馆出版《劣等感这种妄想：禅教会你“不竞争”的活法》、KADOKAWA 出版《星球大战 禅宗 章节 4 · 5 · 6》。在同济大学（上海）、清华大学（北京）进行演讲。

2016 中国香港的集合住宅“THE PAVILIA HILL”项目完工，日本镰仓 M 氏邸、中国唐山 S 氏邸完工。NHK 教育电视台“团魂 STYLE”节目、NHK 综合电视台“Asaichi”节目、NHK 教育电视台“趣味 DOKYU！”节目（4 回连续）、NHK 教育电视台“SWITCH Interview 达人达”节目中出演。三笠书房出版《思考前先行动的习惯》、SB Creative 出版《会整理感情的人，人生会变得更好》《禅，“金钱”的作法》、世界文化社出版《不要动心的诀窍》、PHP 研究所出版《让“好麻烦啊”从你的人生中消失的书》、海龟社出版《所谓浪费这种幸福：制定 45 条规则》、广济堂出版社出版《人生中最重要的事情 为了不要在死的时候后悔》、河出书房新社出版《不森气的禅语》、KADOKAWA 出版《准备——练习消除心理压力》、小学馆出版《日巡 一日一禅》、秀和 System 出版《幸运一定会在清晨拜访你》。

2017 日本横滨 S 氏邸、东京 Y 氏邸，印度尼西亚 B 氏邸完工。作为 Session Panelist 受到在中国·海南岛的 BOAO FORUM FOR ASIA 2017 的邀约。日本防府市斋场与中国香港“ THE PAVILIA HILL”，两个作品被选作意大利 A’DESIGN AWARD&COMPETITON 的“Platinum”（最高奖）。在 NHK World 电视台“Direct Talk”、“Design Talks Plus: Mitate”节目、NHK 教育电视台“万能杂志”节目中（8 回连播）出演。三笠书房出版《领导者的禅语》、主妇之友出版社出版《感知幸福的心灵的育成法》、悟空出版社出版《“生活禅”的作法》、青春出版社出版《让自己休息的方法》、文响社出版《变得宽心的禅的思考》。

悼念田畑先生

长年从事我作品摄影工作的田畑先生于 2015 年 12 月 30 日去世了。突然接到讣告时，我不能抑制自己的悲伤。在此，谨致哀悼之意。

田畑先生是一位杰出的摄影师，擅长日本庭园和茶室的空间摄影。在日本涉及这个领域并能充分理解日本美学的摄影师屈指可数，田畑先生就是其中一位，他的代表作桂离宫写真集广为人知。

每日新闻社出版我的作品集《禅之庭》、《禅之庭 II》中所拍摄的照片全部出自田畑先生。此次的《禅之庭 III》也有一半以上的作品是由田畑先生拍摄，可惜其余作品因田畑先生有事外出未能完成拍摄，田畑先生自己对此次作品集的出版也是非常期待的。

田畑先生在秋天完成了印度尼西亚的摄影工作后，本想于次年春天为我的作品准备前往海外。后听田畑先生夫人说，先生在病榻上还在思考海外的摄影工作。先生的离去实在太突然了。田畑先生在摄影时都由夫人陪同，夫人心里一定有着不尽的思念。

我把此次出版的《禅之庭 III》首先供奉在了田畑先生的灵位前，希望能传达我的感谢之意。

合 掌

枡野俊明

2017 年 10 月吉日

生前的田畑先生

著作权合同登记图字：01-2021-5333 号
图书在版编目（CIP）数据

禅庭 /（日）枡野俊明著；康恒译 . 一北京：中国建筑工业出版社，2021.3
ISBN 978-7-112-25426-2

Ⅰ . ①禅… Ⅱ . ①枡… ②康… Ⅲ . ①园林设计 - 作品集 - 日本 - 现代 Ⅳ . ① TU986.2

中国版本图书馆 CIP 数据核字（2020）第 167109 号

原著：禅の庭 Ⅲ（初版出版：2017 年 11 月）
著者：枡野俊明
出版社：每日新聞出版
撮影：田畑みなお 中村彰男
本书由日本每日新闻出版授权我社独家翻译出版发行。

责任编辑：刘文昕 张鹏伟
责任校对：王烨
装帧设计：七月合作社

禅庭
[日] 枡野俊明 著
康恒 译
*
中国建筑工业出版社出版、发行（北京海淀三里河路 9 号）
各地新华书店、建筑书店经销
天津图文方嘉印刷有限公司印刷
*
开本：880 毫米 ×1230 毫米 1/16 印张：$13^1/_2$ 字数：200 千字
2021 年 8 月第一版 2021 年 8 月第一次印刷
定价：168.00 元
ISBN 978-7-112-25426-2
（36372）